对抗荒漠化

反省我们的生态观

理纯 著

 世界知识出版社

图书在版编目（CIP）数据

对抗荒漠化：反省我们的生态观／理纯著．—北京：世界知识出版社，
2015.12
　ISBN 978 - 7 - 5012 - 5033 - 2

　Ⅰ.①对…　Ⅱ.①理…　Ⅲ.①沙漠化 - 防治 - 研究　Ⅳ.①P941.73

中国版本图书馆 CIP 数据核字（2015）第 225115 号

责任编辑　汪　琴
责任出版　赵　玥
责任校对　马莉娜

书　　名　对抗荒漠化：反省我们的生态观
　　　　　Duikang Huangmohua：Fanxing Women De Shengtaiguan
作　　者　理　纯
出版发行　世界知识出版社
地址邮编　北京市东城区干面胡同 51 号（100010）
网　　址　www. ishizhi. cn
联系电话　010 - 65265923（发行）010 - 85119023（邮购）
经　　销　新华书店
印　　刷　北京鹏润伟业印刷有限公司
开本印张　787×1092 毫米　1/16　16¾印张
字　　数　240 千字
版次印次　2016 年 1 月第一版　2016 年 1 月第一次印刷
标准书号　ISBN - 978 - 7 - 5012 - 5033 - 2
定　　价　39.00 元

图为作者与对绿化行动非常支持的迟浩田上将及夫人合影。

作者发起的环保公益植树活动至今已有 174 批共 7000 多人次志愿者共同参与。

作者从贺茂之将军手中接过"走进崇高先遣团"大旗。

绿化植树活动已在内蒙和张北沙化地区种植树木近 150 万棵。

目　录

DUI KANG HUANG MO HUA

DUI KANG HUANG MO HUA

前言　正确的生态观去哪儿了

从 2006 年开始，自己在内蒙古高原上义务植树已经有 9 年了，也是亲自参与并见证了内蒙古鄂尔多斯市的恩格贝地区在一群志愿者的手中，是如何从当年的黄沙漫漫发展到今天美丽的国家 4A 级景区。每每看到亲手种下的小树长得越来越茁壮，心中无不充满着幸福和欣慰！

我们的双手完全可以带来自然界的改变。

在多年的植树历程之中，与很多朋友探讨过有关生态方面的很多问题。曾经有一位朋友善意地提醒到：理纯，不要去沙漠种树了，沙漠也是很美丽的，不要去破坏沙漠好不好。当听到这样的话语时，自

己真是感到很震惊。如果说种树破坏沙漠的话，我们还能把沙漠破坏成什么样子？还有比沙漠更坏的自然状态吗？我们要知道沙漠是自然界被破坏到极致的产物。那位朋友又谈到：你看沙漠多美呀！金黄的颜色，上面是朵朵白云，当人们走上去的时候还可以留下我们深深的脚印。哇，原来这位朋友是这样理解沙漠的！沙漠真是这样吗？实际上这位朋友是在最风和日丽的时候去过沙漠的边缘，如果他要是敢于在大风的时候再去沙漠腹地也许会有完全不同的体会吧，那时，没有阻挡的大风会呼啸而来，其带来的不是简单的沙尘暴，而是足以将汽车刮得飞起来的力量，那滚滚伴风而来的沙丘瞬间就可以将你埋没。在世界第二大的流沙沙漠——中国的塔克拉玛干沙漠，从新中国成立以来就有包括我国著名科学家彭加木、探险家余纯顺等以及美国、英国、俄罗斯、日本等国探险与考察人员在内的 60 多名海内外人士在那里牺牲了自己的宝贵生命。对于他们来说，沙漠没有什么所谓的美丽，而是何等的艰险！

据统计，全球土地荒漠化面积达 3592 万平方千米，主要分布在北非、西亚、中亚和北美南部等地。全世界每年有 5 万~7 万平方千米的土地沦为荒漠，由于荒漠化每年损失耕地 6 百万公顷。我国荒漠化土地面积为 267.4 万平方千米，占国土面积的 27.9%。由于自然和人为因素，目前我国荒漠化还在不断扩展蔓延，沙逼人退，速度惊人，造成大面积的可利用土地退化或沙化，危及中华民族生存和发展的根基。面对这样的现实我们到底应该怎样做才能让黄沙停止肆虐下去呢？沙漠没有什么美丽可言，为了子孙的幸福，我们应拿起防治沙漠的武器，向荒漠化宣战才对！那种要保护沙漠的理论一定会带来我们努力方向的误导。

　　中国政府为改善生态问题已经尽了很大努力，光是拨款就已经是天文数字，但是荒漠化还是越来越严重，其原因到底是什么？是不是我们要从生态观上找原因？的确，之前谈到的这位朋友不让去改变沙漠现状的生态观无疑是不正确的。我们迫切需要对生态观做进一步的反省。同样，类似让人啼笑皆非的生态观还有很多，如：认为沙漠中没有水的说法；认为荒漠中种不活树的说法；认为地球表面的水是取之不尽、用之不竭的说法；认为去草原种树是破坏草原的说法；认为大树都是抽水机，会抽干地下水的说法；种不活树怨恨老天不下雨的说法；认为种植灌木优于种植乔木的说法；认为种植乔木保持 2 米间距的理论；还有将塔克拉玛干沙漠的形成归罪于青藏高原隆起的说法；认为要通过砍树来增大风速吹走北京雾霾的说法……这些使人瞠目结舌的生态观真是让我们欲哭无泪。

　　有什么样的观念导致什么样的行为。当今，要想解决世界的生态问题就要首先建立我们正确的生态观。在这本书里，希望通过我们种树 9 年的亲身实践和体会，同大家探讨和交流什么是正确的生态观。

第一章　曾经是绿洲的罗布泊

我们居住的美丽星球

我们如果白天从地面仰望，那么无边无际蔚蓝色的天空就会映入眼帘，若是晚上，天空中群星闪烁，偶尔还能看到那瞬间滑落的流星。若从人造卫星上望地球，人们看到的是一颗蔚蓝色硕大的星球，如果从月球上看地球，那就会像我们站在地球上看月球一样，在月亮上空悬挂着一个面积比月球大十几倍、亮 80 倍的蔚蓝色的大球。其景观真是既宏伟壮观，又端庄秀丽！这就是人类可爱的家园——地球！

现在我们知道，地球的体积是 10832 亿立方千米，她的平均半径为 6371.004 千米，赤道半径为 6378.140 千米，地球极地半径 6356.755 千米 。也就是说，地球并非是我们之前认为的完全球体形状，而是一

个橘子状旋转的椭球体。地球表面的总面积为5.1亿平方千米，其中海洋占70.8%，陆地占29.2%，地球上65%以上的陆地分布在北半球。地球表面最大垂直起伏约为2万米。地球上最高峰是我国跟尼泊尔接壤的珠穆朗玛峰，海拔8844.43米；陆地上最低处是在死海，海拔为−392米；海洋中最深的地方是在太平洋的马里亚纳海沟，是在海平面以下11034米。如果我们把地球珠穆朗玛峰放到海洋中最深的地方，它的顶峰还差2000米才能露出水面。

同我们关系密切的地壳

地球这个椭球体是由表层的地壳、向下的地幔和中心的地核构成的。其中地壳同我们关系最为密切。地壳是由富含硅和铝的硅酸盐类坚硬岩石构成的，其总质量为5×10^{19}吨，约占地球质量的0.8%，其体积约占地球体积的0.5%。地壳的厚度各地有很大的差异，大约变化于5~80千米范围内。大洋中心地壳厚度小，厚约5千米；大陆区地壳厚度大，特别是我国青藏高原厚度可达60~80千米。地壳的密度、温

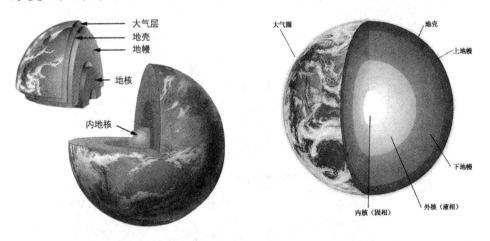

地球的构造

度及压力随着深度的增加而上升，到地壳底部，密度将由每立方厘米
2.658 克增加到 3.3 克，压力由常压增至 1 万多个大气压，同时温度也
有显著的升高。

部分科学家们说，地壳是飘浮在温度及压力均很高、呈塑性甚至
熔融状态的软流层之上的，并缓缓运动着的圈层。这种运动导致了喜
马拉雅山脉的不断崛起，也带来了诸如地震的自然灾害。在地壳的表
层会有土壤，这些土壤是由被风化的岩石碎粒和有机物混合而成，跟
人类的关系非常密切。地壳中还具有金属矿产、非金属矿产及能源资
源。土壤和矿产构成了人类赖以生存发展的物质基础。人们在地壳的
表面进行着诸如修造住所、造林耕田、修河铺路、开挖矿山等等有利
于人类生存和发展的各项活动。

地球上宝贵的水

水是地球表面数量最多的天然物质，它覆盖了地球 70% 以上的表

美丽的海洋

面积。从表面上看，地球是一个不折不扣的大水球。

　　地球上的水由海洋、江河、湖泊、沼泽、冰川、地下水等液态水和固态水及和岩石等物质紧紧结合在一起的结合水组成。水往低处流，因此水的分布在大洋中显示为连续而不规则的圈层。地球表面水的质量为140亿亿吨，占地球总质量的0.024%。其中海水占97.2%，冰川占2.1%，陆地水占0.629%。另还有极少一部分水存在于生物体和大气中。在地球的总水量中，淡水只占了3%，而其中冰占总淡水量的三分之二。科学家们计算认为，如果地球表面完全没有起伏，则全球将被深达2745米的海水所覆盖。若地球上冰川、冰盖全部融化，则海水水位将升高70米，届时许多沿海城镇都将被淹没在大海之中。

　　对于人类来说，水无疑是宝贵的，水是地球上一切生物生存所需的必需品，但大自然是慷慨的！我们知道，如果地球的全年降水量，都汇集在地面而不流失，我们就得在1米深的水中行走。而这些从天而降的雨水则更是我们需要的宝贵淡水。即使不下雨的话，地球表面上的淡水也够人类、动植物使用4年多。

与海洋并存的地球沙海

地球上有大量的水，但同时我们也可以看到：在地球上还存在着大量的干旱地区。在这些干旱地区，土地上只有稀疏的植物，甚至很多土地完全没有植物的生长。按照最新的统计，现在全球有四分之一的陆地面积是基本光秃的。而其中，让人最为震撼的就是那会在风的作用下流动的、由大小不一的沙粒组成的茫茫沙海。

在风平浪静之时，地球上的沙海也确有其不一般的风姿。撒哈拉沙漠有绵亘几百千米的大沙垅，鲁卜哈利沙漠有成百上千个巍峨的金字塔沙丘，塔克拉玛干沙漠的复合型新月形沙丘重峦起伏，库姆塔格沙漠的羽毛状沙丘独领风骚……沙漠因沙丘而具有独特的丰姿异彩。

中国最大的沙海——塔克拉玛干沙漠

唐代边塞诗人岑参就以一句"平沙莽莽黄入天"来形容我国新疆地区的沙漠。唐代另外一位诗人王维在他的《使至塞上》一诗中也有这样一句名句："大漠孤烟直，长河落日圆"。

　　如果你对沙漠多了解一些，你还会知道茫茫沙海的另外一面，就是当起风的时候，整个沙海的咆哮。当风暴启动之时，在产生令人窒息的滚滚沙尘暴的同时，那原本安静的沙海也会突然向前，吞噬农田、淹没房屋，荡平湖泊……

地球大斜的干旱布局

　　一些人对干旱地区的分布认识是这样的：沿海地区应该是湿润的，内陆地区是干旱的。但当我们打开世界地图，却发现像埃及这样北面临地中海、东面临红海、中间有一条世界最长河流——尼罗河穿过的国家却是非常干旱的，当今埃及大部分国土面积是被沙漠覆盖了。在

非洲的内陆深处是世界第一大的撒哈拉沙漠，而在南美内陆深处却有着居于世界第一的亚马逊热带雨林。如果用纬度原因来解释这个问题是说不通的，中亚的沙特地区是沙漠，而处于同样纬度的中国广西地区却是绿树成荫的十万大山。由此可见，这些干旱地区的分布同是否沿海没有关系，同纬度没有关系。

如果我们纵观一下地球干旱地区的分布就会发现，从非洲的撒哈拉沙漠开始，沿着东北方向，有埃及、利比亚地区的沙漠，叙利亚沙漠，沙特地区的沙漠，印度西北的塔尔沙漠，我国新疆地区的沙漠，甘肃、宁夏及蒙古高原的沙漠和沙地。几乎世界上最著名的沙漠都处在从西南向东北的这条斜线上。当今的学者们将地球上这种奇怪的干旱线称之为"大斜"。人们搞不清"大斜"现象产生的根本原因。

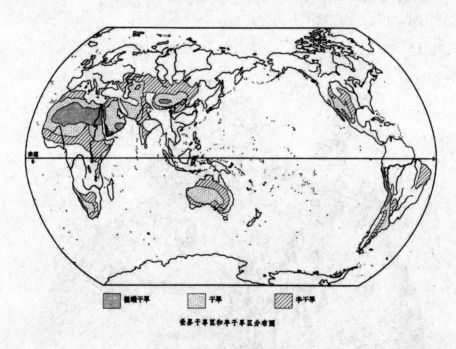

世界干旱区和半干旱区分布图

"大斜" 地带曾经诞生过伟大的文明

在"大斜"地区的土地上基本没有绿色。如果仅从表面上看，"大斜"现象的产生让我们感觉仿佛没有规律可言，但当我们仔细研究"大斜"的时候，却可以发现有趣的现象，很多属于"大斜"范围的地区历史上都曾经聚集过大量的人口，甚至还有过不一般的繁荣。

如果翻开历史，我们就可以发现，当今的沙漠地区，竟是很多灿烂文明的发源地。埃及、巴比伦、印度和中国，号称四大文明古国。而埃及文明就是诞生在"大斜"之中的非洲东北的尼罗河流域。我们都知道古巴比伦的空中花园，那里一定曾经有过十分湿润的昨天，但巴比伦古国今天也是身陷"大斜"荒漠之中，留给了人们无尽的遗憾。而在当今印度沙漠之中，我们可以找到仍然富丽堂皇的宫殿群，相信在这些宫殿修建之时，那里一定曾是绿洲。而在中国，今天贫瘠的黄

沙海中的埃及金字塔

土高坡之前也是片片森林，被称为孕育我们中华民族的伟大摇篮的黄河中游地区也正在被越来越多的黄沙所掩盖。

我们不了解的是，到底是什么原因使这些世界上原本最繁荣的地区变为了漫漫黄沙？使原本湿润的气候变得如此干旱？是自然演变还是有其他原因？

中国沙漠分布状况

在中国，从各省（区）沙漠分布的面积来说，新疆分布最广，其面积达43.8万平方千米，占全国沙漠和沙地总面积的54%；其次是内

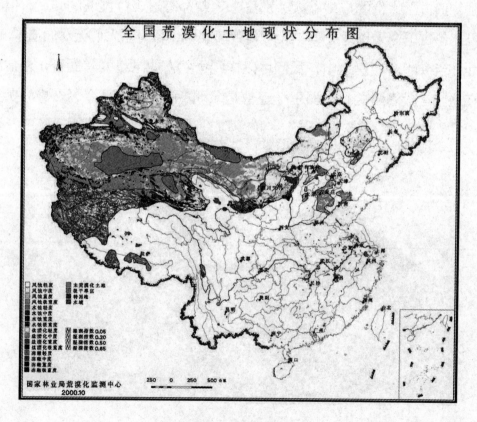

全国土地荒漠化分布图

蒙古（28%）、甘肃（3.8%）和青海（2.4%）等。我国沙漠中面积在6000平方千米以上的主要沙漠和沙地有14个（见附表）。其中以塔克拉玛干沙漠为最大。包括周围零星的沙丘在内，这片沙漠面积共达36.5万平方千米，占全国沙漠总面积的45.1%；它也是我国沙漠中流动沙丘分布最广的沙漠，是世界上仅次于阿拉伯鲁卜哈利沙漠的第二大流动性沙漠，其流动沙丘面积占我国沙漠中流动沙丘总面积的65%。古尔班通古特沙漠是我国第二大沙漠，面积有5.11万平方千米，占全国沙漠. 总面积6.3%，也是我国最大的固定、半固定沙漠。巴丹吉林沙漠是我国第三大沙漠，面积为5.11万平方千米，占全国沙漠总面积6.2%，也是我国沙丘最高大的一个沙漠。风蚀地分布最多的是在柴达木盆地的西北部，面积达2.24万平方千米。在我国，新疆的沙漠分布最广，其中，塔克拉玛干沙漠最大。

中国主要沙漠（沙地）的地理位置和面积

沙漠名称	地理位置	面积/万 km²	
		20世纪50年代末（朱正达、吴正等，1980）	20世纪90年代中期（钟德才，1998）
塔克拉玛干沙漠	新疆塔里木盆地	33.76	36.50
古尔班通古特沙漠	新疆准格尔盆地	4.88	5.113
库木塔格沙漠	新疆东部、甘肃西部；罗布泊低地南部和阿尔金山北部	2.28	2.197
柴达木盆地沙漠	青海柴达木盆地	3.46（包括风蚀地）	1.494（不包括风蚀地）
巴丹吉林沙漠	内蒙古阿拉善高原西部	4.43	5.051
河西走廊的沙漠	甘肃河西走廊		1.974
腾格里沙漠	内蒙古阿拉善高原东南部	4.27	4.232
乌兰布和沙漠	内蒙古阿拉善高原东北部，黄河河套平原西南部	0.99	1.075

续表

沙漠名称	地理位置	面积/万 km²	
		20 世纪 50 年代末 (朱正达、吴正等，1980)	20 世纪 90 年代中期 (钟德才，1998)
库布齐沙漠	内蒙古鄂尔多斯高原北部， 黄河河套平原西南部	1.61	1.731
毛乌素沙地	内蒙古尔多斯高原中南部和 陕西北部	3.21	3.894
浑善达克（小腾格 里）沙地	内蒙古高原东部的锡林郭勒盟 南部和昭乌达盟西北部	2.14	2.922
科尔沁沙地	东北平原西部的西辽河下游	4.23	5.044
呼伦贝尔沙地	内蒙古东北部的呼伦贝尔高平原	0.27	0.641
嫩江沙地	东北平原西北部嫩江下游	–	0.601

中国最大的沙漠——塔克拉玛干

我国的塔里木盆地位于欧亚大陆腹地，是我国面积最大的全封闭

浅含水层

富含水层

内陆盆地，盆地南部环绕着世界屋脊青藏高原，与喀喇昆仑山、昆仑山及阿尔金山相接，最高峰乔戈里峰海拔8611米，为世界第二高峰；盆地西部为有10多处海拔5千米高峰的帕米尔高原；北部为东西走向的天山，尤以险峻的海拔7435米的托木尔峰为最高。盆地底部宽阔低平，西高东低，向东南倾斜，海拔在1200～980米之间。在塔里木盆地约56万平方千米的地区中央，即为面积36.55万平方千米的塔克拉玛干沙漠。

塔克拉玛干沙漠四周山地湿润，发育有149条大小河流，多年平均向盆地汇集地表水资源有373亿立方米，其中由国外流入60.7亿立方米。在这众多的河流中，有源于天山的阿克苏河和开都河，源于昆仑山和喀喇昆仑山的叶尔羌河与和田河，以及天山与帕米尔的喀什噶尔河，并在盆地北部汇集成自西向东流的塔里木河。最低处的罗布泊和台特马湖是盆地及周边山地地下水和盐分的呈环状排列聚积地。塔克拉玛干沙漠地下水储量丰富，地质工作者不仅找到了一个大型"地下水库"，还在罗布泊东部圈定了140平方千米的地下水分布区，找到可直接饮用的地下淡水。

塔克拉玛干最典型代表罗布泊

罗布泊曾经是在历史上享有盛名的湖泊。几千年来，古丝绸之路一直是连接亚洲、非洲、欧洲的东西交通要道，发生了众多的历史故事。而处于塔克拉玛干沙漠中最低处的罗布泊则是位于这条古丝绸之路的咽喉地带。罗布洼地是一个巨大的古代湖盆，位于塔里木盆地东部，新疆巴音郭楞蒙古族自治州境内，其东接北山山脉，南山（秦岭）山脉以北，西临塔里木河下游，北为天山前山带觉罗塔格山，南至阿尔金山北麓，面积约 10 万平方千米。

在早期，罗布泊的湖水面积非常广阔，后来因为自然条件的变化和人为因素的影响，积水面积逐渐缩小。我国的考察队曾经在 1959 年对罗布泊进行考察，根据当时的调查和测量结果，罗布泊湖水面积为 5350 平方千米，而之后仅仅过了 10 多年，湖水就完全消失了。现在，罗布泊地区是全球最干旱的地区，被称为地球的"旱极"。罗布泊气候非常干旱，荒漠景观表现得极为突出。根据洼地周围地区的长期气象资料显示：其年降水量只有 18～25 毫米，同时蒸发却非常强烈，蒸发量高达 2600～2900 毫米，是降水量的 110～140 倍。现在，此地早已成为一片人迹罕至的荒漠。

罗布泊为什么最具代表性

对罗布泊地区的许多科学和历史问题，仍存在着诸多分歧和争论。对今天的人们来说，罗布泊是一个充满自然和文化之谜的神秘地区，而其中之奥秘始终是人们追索的目标。近百年来，多位中外学者来到罗布泊进行探险和考察，一些人为此甚至付出了宝贵的生命。

人们对罗布泊如此感兴趣不仅是因为塔克拉玛干是中国最大的沙漠，也不仅是因为罗布泊是塔克拉玛干最后留下的一片较大湖泊，还有一个重要原因是罗布泊有大量的先人遗物可以供我们研究，而这些先人遗物则是来自罗布泊附近的众多遗址。从1900年斯文·赫定发现楼兰遗址以来，近100年的时间中，不断有新的遗址被发现，同时在一些老的遗址中也不断发现有新的遗迹。例如，1901年由斯坦因发现的尼雅遗址，已被证明是一个南北绵延25千米、东西宽5~7千米的庞大遗址群，已被发现的古城、官署、民居、灌渠、窑址、手工作坊、果园、佛塔、墓地等各类遗址就有100多个。1995年新疆考古学者在这里发掘的贵族墓地，还被评为当年中国十大考古发现之一。中科院塔克拉玛干沙漠综考队的考古组，在和田、阿克苏两个地区就对450多处遗址进行了调查。可以说，在塔克拉玛干沙漠及其周边，有价值的遗址数量至少逾千，其确切数量几乎没有人能说得清楚。

石器时代塔克拉玛干的巨大水量

如何去认识和了解没有留下任何文字的祖先，是一件十分困难的事。我们能够去做的惟一手段，就是去寻找和判断他们留给我们的遗物。而能够保存久远的遗物，也就是当年他们使用过的石器、陶器、金属器等。

按照今天的划分，整个漫长的石器时代达上百万年，而我们对这一时代认识较清楚的不过是距今一万年内的新石器时代。在对塔克拉玛干沙漠中克里雅河全流域的考察中，人们找到了两个距今8000~

10000 年的中石器遗址，这两处遗址的海拔高度在 2300 米以上。经过比较分析，我们发现距今愈远的遗址，海拔愈高，说明了人类活动区域逐步从高海拔向低海拔转移的事实。

通过古人留下的石器我们知道古代人们都是住在山上，但人离不开水，人类一定是追逐水草而居。之所以石器会在山上被发现，是因为山下都是片片汪洋。我们从中可以看到当时塔里木盆地中的水位甚至达到了接近海拔 2300 米的高度。可以说，古代的塔克拉玛干存在有一个巨大的水体，这个水体的水量后来不断地变化着，直至今天罗布泊水体的完全消失。

罗布泊附近沙漠中的水生动物遗骸

青铜时代湿润的罗布泊

无疑在石器时代之后的青铜时代，罗布泊也是非常湿润的。这种湿润的证明还是来自于我们对当时先人遗物的分析。

大约到了公元前 3000 年前后，居住在罗布泊的以畜牧业为重要的生活之源的人们对罗布绿洲进行了大规模的开发，创造了独具特色的小河青铜时代文化。从这些原始罗布泊人对动物皮毛、角的利用上看，当时的人们饲养的牲畜有牛和羊。同时这些罗布泊人有了相对先进的农业技术、灌溉技术、制铜技术、纺织技术……小河文化遗址中未发现陶器，但可以看到当时人们的生产、生活用具，基本上依赖以胡杨为主的各种木材。小河居民还利用胡杨圆木制作高数米的棺前立柱、直径达 70~80 cm 象征男根和女阴的立木、直径达 60~70cm 各种类型的木棺；同时还用长短、粗细不一的木料制作了各种各样的宗教和生活器具。虽然没有发现小河居民的居住遗址，但从部分墓葬的结构如

公元前 2500 年左右罗布泊墓葬中使用了大量的木材

北区大型的木房式墓葬可以推测，当时的居所也应该用木材制造的。墓地、居所的大量用木，客观地反映出小河绿洲区域内拥有大量生长期很长可供采伐的成片森林。

小麦是青铜时代罗布泊湿润的又一证明

在青铜时代的小河遗址中，人们除去发现当时有丰富的森林资源之外，还有一个重大考古成就就是小麦在小河遗址中的普遍发现。考古工作者在小河遗址的墓地中看到，一些下葬先人的胸腹部、身下多见撒有小麦；在先人裹身的斗篷边缘一律捆扎着几个小包，其中部分小包内包裹的就是小麦。在几个墓地中都有小麦发现。据最新的鉴定，小河遗址发现的青铜时代的小麦是同当今一样的六倍体普通小麦。

小河遗址中小麦的发现，不仅对小麦的起源问题给出了一个新的探讨方向，也是在表明小河时代的人们已经具有相当发达的农业种植

需要在富水环境下生长的小麦

技术，同时这项发现对研究青铜时代罗布泊地区的古环境同样意义重大。我们知道，在旱地生长的主要粮食作物中，小麦是需要水分较多的作物，一般来说小麦植株含水量需要维持在80%以上。像今天罗布泊这种干旱少雨的地区，小麦在自然环境下是很难存活的，即使通过人工灌溉也是需要充足的水源保障和大量人力的投入。小河墓地小麦的大量发现告诉我们：当年罗布泊地区的气候完全适合于小麦的生长，小麦的发现进一步证明了青铜时代罗布泊地区的湿润。

原本有大量动物存在的罗布泊

青铜时代的罗布泊除了大量的牛羊等家畜之外，还有大量的野生动物。在小河遗址中人们还发现了大量野生动物标本，如毡帽上缝缀的伶鼬，作为随葬品的蛇、鹰头，包裹木尸的猞狸皮，棺木中夹的蜥蜴，还有大量插在帽上或足部的禽类的羽毛等。

即使到了19世纪末，沙俄军官普尔热瓦尔斯基在第二次进入新疆考察时，在阿尔金山以北发现了野生双峰驼，而对塔克拉玛干动物有过较多观察和记录的还要算瑞典探险家斯文·赫定了。20世纪初，他在塔里木河下游发现了老虎的足印，并且从当地牧民手中收购到了虎皮，可见100多年前老虎尚存于塔里木。同时斯文·赫定还记录了在胡杨林中，"不时有马鹿、野猪、黄羊出没"。1934年，他最后一次到塔里木，还亲眼目睹了在芦苇丛中一头正在哺育的野猪，那是两头小野猪拱在母亲腹下吸乳，他还立即拍下了这一珍贵的镜头。直至20世纪50年代中叶，苏联地理学家穆尔扎也夫还记录了他在塔里木河下游三角洲亲眼所见："高大芦苇丛中，老虎在捕捉野猪。"从这些史实中可见，罗布泊地区完全可以给动物提供良好的栖息环境。

公元前176年建国的美丽楼兰

在塔克拉玛干的众多遗址中，尼雅无疑是最重要的遗址中的一处，它的面积是新疆14处全国重点文物保护单位中最大的一个。在南北25千米、东西7千米的范围中，散布了大大小小百余处遗迹，遗址区的风貌保存十分完整，其中的民居住宅就有上百幢。人们说，这里就是"东方庞培"——楼兰古国。据记载，楼兰是西域一个著名的"城廓之国"。它在公元前176年以前建国、公元630年消亡，有800多年历史。它东起古阳关附近，西至尼雅古城，南至阿尔金山，北至哈密。人们在楼兰古城遗址里面发现了河道，河道出城之后连接20～30米宽的河床。人们在河道、河床中发现了大量淡水河道生物——罗卜螺壳，其是河道遗址的重要证据。从众多的河道痕迹可判断，当时位于孔雀河三角洲下游的楼兰城水网交织，楼兰古国是一个富水的地区，楼兰城

古河道，便是三角洲稠密水网的组成部分，全部的河水最后汇入罗布泊。

我们可以想像，之前的楼兰古城身边有烟波浩淼的罗布泊，前方环绕着清澈的河流，人们在碧波上泛舟捕鱼，在茂密的胡杨林里狩猎，人们沐浴着大自然的恩赐。当时的楼兰古城曾经是人们生息繁衍的乐园。

楼兰古城遗址

塔克拉玛干到底是什么意思

"塔克拉玛干"究竟到底是什么意思？长期以来，众说纷纭，使人感觉扑朔迷离。人们之所以对此探寻，那是因为地名往往是对一个地区认识的起点。英国考古学者斯坦因按照沙漠性质，将塔克拉玛干称之为"真沙漠"。瑞典探险家斯文·赫定在沙海逃生之后将塔克拉玛干称为"死亡之海"。从《辞海》查到,塔克拉玛干沙漠,维吾尔语意思为"进去出不来",但据人们向维吾尔学者询问,维吾尔语却没有这样的解释。

据说,塔克拉玛干中的"玛干"这个词根,含有"家园"、"村庄"之意。1930年张星烺在《中国交通史料汇编》第一册中,认为"塔克拉玛干"为"吐火罗"之转音,"吐火罗"即"堵货逻"。中国学者王国维用考据求证的做法,认为塔克拉玛干即"堵货逻碛"的讹变(1959年出版的《观堂集林》的"西胡考")。按二位的考据,塔克拉玛干可以解释成为堵货逻人或吐火罗人的家园。还有一种说法就是,当地人将胡杨树称为"托克拉克",与塔克拉玛干的词冠"塔克拉"读音十分相近,塔克拉玛干是否应该解释为"胡杨的故乡"呢?

无论是否"堵货逻人的家园"还是"胡杨的故乡",或者"过去的家园"及"曾经有过的家园",都会让我们怅惋罗布泊地区当年的美丽风华!从考古的证据看,确应如此。

第二章　渐进的罗布泊沙化过程

地球的癌症——荒漠化

　　从考古上，我们可以知道，之前的罗布泊是片片森林，但之后罗布泊的土地为什么在不断地退化？森林变为了草原，草原变为了沙地，沙地变为了沙漠，当今的人们已经将这种退化习惯地称为"荒漠化"。

　　荒漠化被视为人类在环境领域面临的三大挑战之一。全球 100 多个国家的 40 亿公顷土地受到荒漠化影响。全世界用于农业的 57 亿公顷可耕地中约 70% 的土质已经退化。其中非洲的荒漠化程度最严重，总

当今被人类不断破坏的地球

面积为 14.3259 亿公顷的干旱地区中有 73% 已不同程度退化。亚洲受荒漠化影响的土地面积最广，达 14 亿平方千米。受荒漠化影响的不仅是发展中国家。在发达国家集中的北美和欧洲，74% 和 66% 的旱地也分别受到荒漠化危害，地中海北部沿岸一些地区尤为严重。现在全世界受荒漠化直接影响的人口已超过 2.5 亿人，另有 100 多个国家的约 10 亿人面临着荒漠化的严重威胁。据估计，今后的 50 年内将有 1.5 亿人被迫因此而迁居。更为严峻的是荒漠化面积正以每年 3.4% 的速率增加，由此带来的损失非常巨大。由于治理荒漠化难度极大，土地荒漠化被称作"地球的癌症"。

荒漠化和沙漠化有何不同

在"大斜"地区，原本是绿洲的地带变为了沙漠，人们也往往将

正在被黄沙吞噬的绿地

这个从绿洲到沙漠的过程称为沙化或者沙漠化。实际上，沙化和沙漠化是两个不同的概念。沙化一般是指由于风蚀引起地面组成物质中细粒部分损失，而出现表层粗化的过程。土壤表层沙化只是沙漠化发展过程中的一个初期阶段。同样，沙漠化同荒漠化也是完全不同的两个概念。《联合国防治荒漠化公约》中确认，荒漠化不是指沙漠的扩大，而是指气候变化和人类活动的多种因素作用下，干旱、半干旱和半湿润干旱区的土地退化。荒漠化一词原本来自于英文的"Desertification"一词，过去在我国一直把它译为沙漠化，经过近 20 年的探索和研究，1994 年 10 月我国政府签署了《联合国防治荒漠化公约》，把英文"Desertification"统一翻译成"荒漠化"，并在 1994 年发布的《中国 21 世纪议程——关于人口、发展与环境白皮书》中进一步确立了荒漠化概念。它包括了沙质荒漠化、水土流失、盐渍化等土地生产力的退化。

　　荒漠化的实质是指土地的退化。在地球上存在的另外一个流动的大海——沙漠之海，则是土地退化到极致的产物。

可怕的中国荒漠化

　　中国是荒漠化大国，荒漠化土地总面积达 332.7 万平方千米，占国土总面积的 34.6%，将近 4 亿人生活在荒漠化和受荒漠化影响的地区。在行政区划上，包括新疆、宁夏、内蒙古三个自治区的绝大部分，以及甘肃、青海、陕西、山西、河北等省的部分地区。当今在中国南方的一些地区也出现了荒漠化现象。据《百科知识》2006 年 11 月上半月刊包晓斌报道，中国每年因荒漠化造成的经济损失达 540 亿元。此外，1949 年以来，我国北方有 500 万平方千米农田受到风蚀、水蚀影响，其中 66.7 万平方千米耕地沦为沙地，全国共有 1000 万公顷的耕地不同

中国是荒漠化大国，荒漠化土地总面积332.7万平方公里，占国土总面积的34.6%，将近四亿人生活在荒漠化和受荒漠化影响的地区。

程度地退化，平均每年丧失耕地 1.5 万平方千米。2353 万平方千米的草地变成沙地，平均每年减少草地 150 万公顷。水土流失面积 356 万平方千米，土壤流失总量达每年 50 亿吨。以黄河为例，每年进人黄河的 16 亿吨泥沙中，有 12 亿吨来自荒漠化地区。据有关资料统计，土地荒漠化所造成的生态环境退化和经济贫困，已成为中国当今面临的最大环境威胁。

当今仍然不断扩大的中国荒漠化面积

据有关资料显示，中国荒漠化的总体趋势非常不容乐观，其中 20 世纪 60 年代中期至 70 年代中期平均每年扩大 1560 平方千米，70 年代中期至 80 年代中期平均每年扩大 2100 平方千米，进入 90 年代以来，每年荒漠化面积扩展速度已达 2460 平方千米。每年荒漠化几乎吞噬着

荒漠化的农田

相当于70个昆明地区的面积。20世纪末，钟德才、姜琦刚、高会军等多位专家应用遥感、地图和野外考察等方法对中国沙漠的面积和动态变化进行了测量和计算。他们的结论是，自20世纪50年代末至90年代中期的近40年间，沙漠面积扩大了约12420平方千米，也就是说，我国沙漠每年以310平方千米的速度在扩大。

西北的荒漠化在我们的计算之中，但让人想不到的是在素有"绿色明珠"美誉的海南岛上，土地荒漠化问题也是日益突出。据悉，海南岛荒漠化地区主要分布在西部的东方、昌江、乐东、儋州、三亚等市县，以东方县境内最为严重。据卫星遥感监测，1990年4月东方县沿海地区和昌江、乐东的部分地区，土地荒漠化面积为30179.9公顷，而近几年以年均2050.5公顷的速度在递增，相当于一年一个海口市的面积荒漠化。

中国荒漠化的类型

中国荒漠化类型按其主要成因可划分为风蚀荒漠化、水蚀荒漠化、冻融荒漠化和盐渍荒漠化等几种类型。

所谓风蚀荒漠化，就是以风力为主要侵蚀力造成的土地退化，其占我国荒漠化总面积的近70%。主要是指在裸露地表条件下，在强风的侵蚀作用下，土壤及细小颗粒被剥离、搬运、沉积、磨蚀，造成地面上出现风沙活动为主要标志的土地退化。

而水蚀荒漠化主要是指因为水流的切割而带来的包括水土流失在内的土地退化。因降雨土壤受到冲击或者被水流剥离后，土壤粒子被冲到地势较低的下方，积存到水道或下游流域。受水蚀影响后，不仅表土层受到影响，还会使土壤失去蓄水能力和养分保持力。水蚀荒漠

水蚀荒漠化带来的水土流失

典型的罗布泊风蚀地貌

化土地总面积为 20.5 万平方千米，占荒漠化土地总面积的 7.8%。

冻融荒漠化是由于在昼夜或季节性温差较大的地区，岩体或土壤由于剧烈的热胀冷缩而造成结构的破坏或质量的退化。我国冻融荒漠化地的面积共 36.6 万平方千米，占荒漠化土地总面积的 13.8%。冻融荒漠化土地主要分布在青藏高原的高海拔地区。

盐渍荒漠化的总面积 23.3 万平方千米，占荒漠化土地总面积的 8.9%。在塔里木盆地周边绿洲有比较集中的盐渍荒漠化连片分布的地区。

罗布泊是中国风蚀荒漠化的典型

尽管中国有 4 种类型的荒漠化成因，但对中国破坏严重的就是风和水对土地的侵蚀，这也就是我们说的风蚀荒漠化和水蚀荒漠化。其

中，对我们破坏最大的是风蚀荒漠化，风蚀荒漠化的发生、发展和防止是我们这本书最主要探讨的内容。

风力侵蚀的结果会使大量的土壤流失，造成土壤质地的变化。风蚀的作用会形成风蚀劣地，并粗化地表，严重的会产生片状流沙堆积，以及沙丘的形成和发展。根据罗布泊地区的若羌和铁干里克气象站的资料，当地年平均风速为每秒2.1～2.7米，每年8级以上大风日数为12.0～37.8天，沙暴日数7.5～19.0天，最大风速每秒36米。若羌县还曾出现过44.0米的每秒瞬时最大风速。由于风力的强劲，罗布泊及周围地区的土壤风蚀沙化十分严重。罗布泊地区土壤风蚀强度最大，在罗布泊地区我们经常可以看到被风力雕塑出来的雅丹地形，如在楼兰附近形成的一般风蚀沟深达5～6米，最深可达10米。据计算，其附近775平方千米的范围内，每年要吹出细沙粒2170m³。如果说中国的黄土高坡就是水蚀荒漠化的典型的话，罗布泊则是中国风蚀荒漠化的典型。

环境还在进一步恶化的罗布泊地区

通过各方考证，同"大斜"的很多地区一样，塔克拉玛干也曾经有过灿烂的古代文明。在上一章我们谈到罗布泊曾经是美丽的，在那里曾经生长着成片以胡杨树为主的森林，有各种动物的栖息。但遗憾的是，这些不争的事实都已经成为了往事。

1959 年，在几位科学家率领下的罗布泊洼地考察分队还能从孔雀河三角洲罗布泊北岸，乘橡皮船深入罗布泊湖区 20 余千米，他们当时标定的罗布泊面积还有约 3000 平方千米。但今天我们看到的是，原本拥有巨大水体的罗布泊消失了，漫漫黄沙代替了原本晶莹的湖面，今天的罗布泊已经干涸了。更为可怕的是，环境还在进一步恶化，特别是 20 世纪 50 年代以来的数十年间。塔克拉玛干的三大绿色长廊——塔里木河、叶尔羌河、和田河下游区和更多进入沙漠河流的绿色短廊，都已经是面目全非，面临着消失的危险。作为沙漠南北重要通道的塔里木河下游绿色走廊，过去宽 8～10 千米，现在仅有 1～2 千米，走廊东西的库鲁克沙漠与塔克拉玛干沙漠本体即将合拢。塔克拉玛干南缘和田地区的 7 县 1 市和巴音郭楞蒙古自治州的且末县、若羌县，面临着向南侵袭的沙漠威胁。背靠昆仑山系的人们已经到了退无可退的地步！

罗布泊证明沙漠的形成是个渐进的过程

在亚洲荒漠起源上，目前还存在着年青和古老之争，很多人认为有些沙漠是远古形成的。事实果真如此吗？的确有很多沙漠具有很久远的历史，但无疑罗布泊地区的沙漠形成并不是很久远。拿印度的塔

沙漠中挣扎的胡杨林

尔沙漠来说，其历史上这块地方并不是沙漠。那么这沙漠是怎么来的呢？在其他新近形成的沙漠中我们找不到太多的遗迹，而罗布泊却可以通过留下的遗迹为我们提供大量气候变化的证据。罗布泊清楚地告诉了我们在它几千年的历史中从森林到沙漠的过程。罗布泊地区的沙化状况现在无疑还在继续恶化，沙漠化的过程还在继续。罗布泊的历史清楚地告诉了我们当地的沙漠是逐渐形成的。

根据一些专家的考证和测算，像罗布泊一样，近代新产生了很多沙漠，甚至在 100 年以前，全球陆地仍有 42% 是森林，34% 是沙漠。而仅仅是 100 年后的今天，森林已经不足 33%，沙漠却猛升至 40%以上。

罗布泊的荒漠化是个渐进的过程，但这个渐进带来的数字的累计却是巨大的。这个渐进的过程就是：森林——草原——沙地——沙漠。

沙化第一步：森林变为草原

在公元前3000年前后的小河文化时期，罗布泊有很多高大的树木，小河墓地盛行男根、女阴的祭祀木柱高达3～5m。同时人们用粗大的胡杨树制作棺椁。大片密集、粗大的胡杨树及红柳林，需要大量水的浇灌，可见当时的罗布泊地区是湿润的，正是湿润才能带来林茂树密。

而到了公元前2500年左右的小河文化遗址中，我们看到，之前高大的男根、女阴的立木变矮了，变细了，从中我们可以看到森林的退化。同时在墓葬的棺椁中，发现了一些细沙，那些细沙是风带来的。可见，当时森林在不断地消失，在森林逐步消失之时，自然带来风力的增大和雨量的减少，而较大的风力自然会带来部分地点的土壤流失。

正在退化为草原的祁连山森林

我们说，公元前 3000 年左右的罗布泊是湿润的森林地区，而到了公元前 2500 年左右，伴随着对森林的大量破坏，罗布泊进入了草原时期，罗布泊开始走向干旱。就像我们今天的内蒙古东部的呼伦贝尔草原一样，那里个别地区也有成片自然生长的樟子松林，而没有树木的地方还是有很多的绿色的灌木和绿色的草，今天的呼伦贝尔正是处在森林向草原过渡的自然状态之中。

世界范围内森林向草原的变化

按照世界自然基金会的统计，在 8000 年前，全球的森林面积为 80.8 亿公顷，但时至今日只剩下 28 亿公顷，也就是说，全球原本拥有的森林中，到目前已有近 2/3 被夷平，每年被砍伐的森林面积平均多达 1700 万公顷。如果以目前的速度继续摧毁林木，一些地区如马来西

沙化的草地中并非没有水

亚、泰国、巴基斯坦及哥斯达黎加等，在 50 年后便不会有自然森林存
在。该基金会最近进行的调查显示，这种情况也出现在加拿大、欧洲、
俄罗斯及美国等发达国家的森林。据路透社报导，旧金山 1997 年 5 月
7 日世界野生生物基金会研究称：美国和加拿大的森林只有 5% 受到保
护，没有被砍伐和开采，而这一地区的森林却有 3/4 面临绝迹的威胁。
世界野生生物基金会说，北美地区的森林曾经是地球上最为壮观的，
但是由于砍伐和人类从事的其他活动，使得它们"正以令人惊恐的速
度"消失。而在亚洲，森林消失的速度更是让人吃惊，有 88% 的森林
已经一去不复返。最突出的就是巴基斯坦和泰国，在那里每年就要损
失 4%～5% 的森林，按这样的速度，在 15 年内就会变得"光秃秃"，
成为类似于今天草原的地带。

沙化第二步：草原变为沙地

在公元前 2100 年左右，罗布泊告诉我们，当地的气候更加干旱了，风更大了，雨更少了。此刻的罗布泊地区非常类似于我们今天的锡林郭勒草原。

我们知道，上世纪 60 年代，锡林郭勒草原是水草丰美的地方，牧民骑马出行之时，马蹬都是绿的，可见当时草的高度比马蹬都要高，真是"风吹草低见牛羊"的美景。那个时代，草原上也是较为湿润的，当时的年降雨量约 900 毫米。而短短 50 年后的今天，锡林郭勒草原已经退化成了沙地，在沙地上只有稀疏的植物，现在当地没有被地面植被阻挡的风力非常强劲。由于风蚀作用强烈，表土常被风刮走，所以使土壤剖面发育常残缺不全。由于风及风沙流对地表土壤颗粒的剥离、搬运作用，土壤严重流失。风力搬运的分选作用导致土壤质地的变化，

沙化第二步：
草原变为沙地。

沙地经一步退化为沙漠

最细的土壤物质以悬移状态随风漂浮到很远距离，成为沙尘暴的沙源。

现今锡林郭勒草原年降雨量也从之前的 900 毫米降到了今天的 300 多毫米，气候越来越干旱了。今天，锡林郭勒盟的很多河流径流量大幅度减少，甚至有些完全断流，原本的水系网消失了。沙化的锡林郭勒草原已经从之前的草原变为了沙地。

沙化第三步：沙地变流沙

在草原变为沙地之后，由于地表植被进一步减少，地表的风更加没有了阻拦。强劲的风不仅将更多的颗粒较小的土壤物质吹上天空，造成大量的土壤流失，同时这种侵蚀分选过程使土壤细粒物质损失之后，留下的都是较大的没有什么养分的粗粒物质。多次的风蚀粗化作用使原本还可以生长植物的土壤表层不断粗化，原有结构进一步遭受破坏，土壤性能变差，肥力损失，地力衰退，直至植物很难在那里生长。

对于沙地来说，整个生态系统进一步退化的结果就是流沙的形成。随着水分条件的进一步恶化，植被覆盖度的进一步降低，风力作用的进一步加强，这样的恶性循环使整个沙地地区尘埃片片。同时沙地进一步退化，开始出现风沙微地貌，那些被风扬起的风沙逐渐发展成为新月形沙丘，这样的沙丘面积不断扩大，当连成一片之时就变为了沙漠，形成了砾石戈壁和流沙沙丘等景观。

在初期形成的沙漠中，在有水的河流与湖泊之处，风沙才能被阻隔；尤其是沿河两岸一般都是水分条件很好的地方，在那里人们还可以看到沙漠之中水草植被丰盛的天然绿洲。

公元前1800年，罗布泊地区已经变为沙漠

1980年4月，新疆考古研究所等单位在罗布泊西岸孔雀河下游，发现了一具女性干尸，死亡年代为距今3800年左右，也就是公元前1800年上下。干尸表皮多处保存完好，头皮、毛囊、毛根各层结构清楚，软骨细胞分明，眉毛、睫毛的鳞片保存得比较完整，这在我国以往还未曾发现过，在国外也是罕见的。我们知道，之前罗布泊地区的大量墓葬中没有这样的干尸。人体死亡后，如不能及时制止腐败菌的滋长，尸体是无法保存的。之前的罗布泊是湿润的，而此刻罗布泊地区一定是极端干燥，只有如此才有可能使尸体得以快速脱水，并长期完整地保存下来。据研究人员发现，古尸的肺内含有大量粉尘沉积，与死者生前吸入大量沙尘有关，从中我们可以看到当时罗布泊恶劣的风沙环境。从女尸骨骼系统摄片研究，人们发现古尸所有长形骨的干

骺端均出现明显的生长障碍线，表明女尸生长发育期间，生活艰苦，营养不良。从此我们也可以得出结论：原本盛产小麦的罗布泊地区到公元前1800年时已经不能提供必要的食物了。同时，墓内女尸的陪葬品大都用麻黄、柽柳及罗布麻等荒漠植物编织而成。这些发现都是在用可靠的科学证据向人们展示，在公元前1800年左右，罗布泊已经退化为极端干旱的沙漠环境。

退化第四步：流沙填埋河流、湖泊

在沙地地区，当强风将地面较大颗粒的沙尘吹起，就会出现空气特别混浊，水平能见度低于1千米的恶劣天气现象，我们将其称为沙尘暴。而在遍地流沙的沙漠地区，在大风刮起的时候，就不是简单的沙尘暴了，而是黑风暴。黑风暴是大风天气中的一种特强沙尘暴天气，其标准是瞬间风速大于25米的大风吹扬起的沙尘能够使最小水平能见度降到最远50米的灾害性天气现象。届时，特强的沙尘会导致天色昏

退化第四步：
流沙填埋河流、湖泊

流　沙

暗，甚至伸手不见五指，人们根据天色昏暗的程度形象地将其称为黄风和黑风。

　　大量沙尘在移动，更可怕的是裸露在地面上的流沙会在风的作用下形成各种类型的沙丘，同时沙丘也在风力的作用下迅速移动，据测算，1米高的沙丘每年可移动102米，5米高的沙丘可移动20米，10～20米高的可移动1～5米。沙丘移动常常阻塞交通，埋没河道，侵袭农田。很多沙漠中的绿洲和湖泊都是在地势较低的地方，而无情的流沙会顺着风势，从高向低扑向这些低洼之处。一次又一次的流沙覆盖和沙尘降落最终会将绿洲和湖泊彻底淹没，当绿洲和湖泊消失之后，当地的沙漠就会连成一整片，成为名符其实的浩瀚沙海。

公元前 1300 年，没有人烟的罗布泊

罗布泊地区的考古资料证明，从公元前 2000 年开始至公元前 1300 年，人类在这一地区的活动越来越不活跃。而从公元前 1300 年到后来的楼兰早期文明出现之前，其中有近一千年的时间罗布泊地区完全没有人烟。人类从罗布泊地区的撤离与持续了数千年的罗布绿洲原本相对良好的生态逐步劣化不无关系。

今天的罗布泊地区由于河道的断绝、蒸发量的巨大，原本巨大的水体消失了，暂时还没有完全被流沙埋没的罗布泊剩下的就是那咸水蒸发之后带来的片片锋利如钢的盐壳。这样的例子还很多，就如同之前谈到的中东两河流域的古巴比伦国公元前林木葱郁、沃野千里的"空中花园"；如同处于南亚的印度河流域的印度塔尔沙漠，4000 年前，这里气候湿润，农业发达，城市繁华，但 2000 年后，莽莽黄沙却使它们像罗布泊绿洲一样从昔日的沃野变成了不毛之地。

罗布泊在告诉我们，其生态的变化是经历了一个由森林到草原、到沙地、再到沙漠的渐进劣化的过程。说是渐进，那是针对人的不到百年的寿命而言的，但如果拿这不到两千年的时间去和漫长的地质年代相比较那就是一个短暂、迅速的过程。

不忍预测的中国荒漠化未来

罗布泊地区完全变成了沙漠，成为了中国沙尘暴的一个重要源地。从罗布泊生态恶化的历史，我们对中国的未来必然也会充满担心。如乘飞机俯视南昌地区，在江南水乡的迷人景色中，已经呈现大片西北

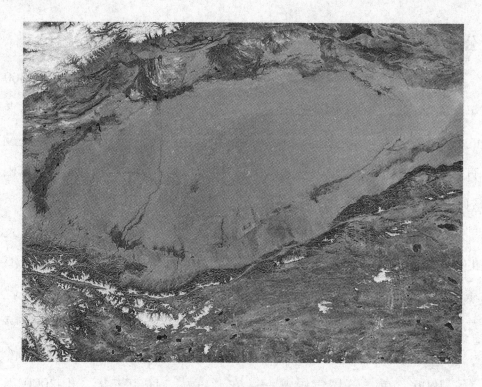

塔克拉玛干沙漠卫星图

特有的沙荒、沙丘。据测定，南昌市的沙荒、沙丘面积已达 12 万亩。这条"沙龙"正以每年 3～4 米的速度向南昌市区推进，无情地吞噬着良田、村庄和湖塘。南昌附近这片土地的情况就是处在沙地的状态之中。另悉，2000 年 4 月 8 日黄沙已经爬上了北京与河北交界的军都山的北山坡。这里的沙丘距离天安门广场仅 70 千米！我们不敢预测 100 年后，南昌周围会不会开始会有更多的流沙，北京附近地区会不会被沙子埋没。

　　当今中国由于荒漠化的扩展，生态环境进一步恶化，气候也越来越干旱，沙尘暴也是愈演愈烈。据统计，自 1952 年以来我国北方地区共计发生大的沙尘暴在上世纪 50 年代仅有 5 次，而到上世纪 90 年代则增加了 4 倍多，达到 23 次。如果我们不采取坚决的措施，中国的土地将会走向全国的沙化，我们的后代将失去生存的依托。而在采取措施之前，我们必须搞清楚到底是什么原因导致了"森林——草原——沙地——沙化"的退化过程。

撒哈拉的沙海

第三章　沙化的根本原因在于植被的减少

众说纷纭的沙化探因

我们现在通过对罗布泊的考古研究，已经知道了罗布泊绿洲"森林——草原——沙地——沙漠"的沙化过程，但是我们还是要对沙化的原因进行探讨，也就是说我们要知道到底是什么原因使森林变为草原，又是什么原因使草原变为了沙地。无疑这是问题的关键，我们想要更好地遏制沙化就必须要知道这个答案。

遗憾的是，当今学术界对这个问题并没有统一的认识。对于沙漠形成的原因，有些学者认为沙漠是原始形成的，更多的专家则是将其形成原因归于气候的变化，如风向的转变，地区高压气流的形成等。还有些学者认为沙漠的形成来自人们对植被过度的砍伐和对土地过度的开垦，甚至有人认为沙漠的形成来自尘埃的增多，还有学者提出沙

失去了植被的土地

漠的形成既有自然的因素，也有人类活动的影响……当今对土地沙化原因的探究真是众说纷纭。

那么，到底是什么原因使原本的绿洲变成了沙漠？为什么原本湿润的空气变得干旱了？这正是我们在本章所探讨的。我们要找到地球的荒漠化癌症的病根，之后才能对症下药。

认为沙漠是原始存在的理论

在亚洲的沙漠是否古老方面，学术界一直争论不休。一些专家通过对沙漠地区含有远古时期风成沙的地层进行划分与对比，提出了我国沙漠至少产生于自更新世初乃至中新世、上新世，甚至白垩纪就已断续存在的理论。专家们还试图说明我国沙漠经历了白垩纪、第三纪（距今 6500 万 ~248 万年）和第四纪（距今 248 万年以来）3 个演化阶段。同时，一些植物学家也是赞同亚洲荒漠起源是古老的理论。他们根据古老地区组成古老植物区系的观点，通过化石等各种遗迹来证明当今那些沙生植物的古老性，从而证明沙漠的古老存在。例如，在新疆库车千佛洞发现的胡杨化石，经鉴定属于第三纪，并被认为是上新世河岸林的残余。

按照沙漠是古老就产生的理论，给人的感觉就是沙漠属于一种客观存在，人们对沙漠的产生是不需要负责任的。但铁的证据证明之前的罗布泊是如此的湿润，的确是因为一些原因才使之成为今天的凄凉。实际上，我们并不否认有些沙漠地区的历史很久远，但这些沙漠不是我们研究的对象，我们想要发现的是：类似罗布泊绿洲原本不是沙漠的地区是如何在较短时间被沙化的。

沙漠形成的高压带说（纬度说）

由于看到包括撒哈拉沙漠在内的不少沙漠都是位于南北纬度15度到35度之间，于是又有了沙漠形成的高压带说。

持高压带说的专家们是这样说的：就世界范围而论，干旱气候区域（干旱区）的形成，主要与纬度和大气环流因子有关。他们说，赤道上空的湿润空气被阳光加热后，在对流的作用下向上抬升。上升的同时由于温度开始降低，于是空气中的水汽就以大雨的形式释放出去，剩下的就是较为干燥的空气。之后，当这些丧失了水分的空气到达海拔15~20千米的高度时，便开始向两极移动。由于太阳的辐射自赤道向两极逐步减少及地球自转的原因，在南北纬15度~35度之间的亚热带上空，生成了干燥的高压带（称为副热带高压带）。由于气流都是从高压区流向低压区，所以在这个高压区会产生稳定度很大的干燥下沉气流，从而抑制了大气对流并给当地带来干旱。

　　高压说实际上就是一种纬度说，但这种理论无法回答的问题是：为什么在非洲与撒哈拉沙漠同样纬度的南美地区却是亚马逊丛林？为什么同样纬度的沙漠地区几千年前却是绿洲？纬度说有着明显的漏洞。

有人将罗布泊的干旱归因于喜马拉雅山的成长

　　由于塔克拉玛干沙漠正好位于世界最高的喜马拉雅山脉的北方，因此不少学者将罗布泊地区的干旱归因于喜马拉雅山对印度洋暖湿空气的阻隔。

　　通过专家的计算，在第四纪初期，青藏高原及其边缘山地，如喜马拉雅山、昆仑山等，虽然受到印度板块自南向北的挤压，导致地壳运动影响而发生强烈上升，但上升高度还不大，当时高原面平均海拔

巍峨的喜马拉雅山脉

为2000米左右，山地高度可能超过3000米。这样的高度尚不足以阻挡印度洋暖湿气流的北上，所以那时的罗布泊是湿润的，塔里木河的水量是充沛的。而到了中新世以后，随着青藏高原及其边缘山地的进一步隆起，慢慢地越来越成为季风深入大陆的严重障碍，暖湿气流的受阻造成了塔里木盆地及其周围山地气候日趋干旱。干旱的气候导致降水量稀少，冷热变化剧烈，风沙活动频繁。这为后来沙漠的形成创造了条件。

但这种论调显然靠不住。因为在罗布泊5000年之前是大片森林的时候，喜马拉雅山已经大致长到了今天的高度，那个时期也有高山阻挡，但罗布泊为何还是绿洲呢？

炸开喜马拉雅也不会带来改变的原因

正因为人们对类似理论的认同，所以有位先生曾经建议说：将

位于喜马拉雅山南麓的印度塔尔沙漠

喜马拉雅山脉中间炸开一个 30 千米宽的口子，就可以使印度洋暖湿气流直达罗布泊，从而带来降雨，解决罗布泊的生态问题。但实际上，即使有印度洋的暖流能够经过和覆盖，有些地区仍然还是不能有更好的降雨，最典型的例子就是位于喜马拉雅山脉南部的印度塔尔沙漠。

在王树声地理教学研究室编著、山东（省）地图出版社出版的《区域地理》一书的第 37 页提到：印度的塔尔沙漠形成的原因主要有三个方面：

1. 冬季副热带高压控制，降水少；

2. 夏季风西南风无法到达；

3. 历史上对印度河流域的过度开发导致对森林植被的破坏。

我们已经了解了第 1 点实际上就是错误的纬度说，对第 3 点暂不予评论，但原因 2 中提到西南风无法到达，这让人难以理解。因为没有任何障碍会阻挡印度洋的暖湿气流光临位于印度河流域的塔尔沙漠，那里的地势低平，印度洋的暖湿西南风一直都是毫不吝啬地长驱直入，但其并没有形成降雨，而是之后到达喜马拉雅山南坡由于地势的抬升等原因，才形成大量的降水。

塔尔沙漠不降雨的原因不能归于尘埃

印度洋的暖湿空气是富含水分的，但奇怪的是塔尔沙漠却是雁过无痕，为何湿润的空气不能带来人们所想像的降雨？如何解释这个问题又是摆在人们前面的一大课题。

于是有人对此解释，尽管塔尔沙漠的空气是湿润的，但尘埃是导致塔尔沙漠不下雨的主要原因。他们说，塔尔沙漠上空的空气浑浊不堪，尘埃密度超过美国芝加哥上空几倍。尘埃白天遮住了阳光，使大气成为略显暗红色的灰蒙，夜间也不见群星。由于尘埃一方面反射一部分阳光，另一方面又吸收一部分阳光，使其本身增温而散热。白天，因为尘埃弥漫使得地面不被加热，空气就不能上升。夜间，尘埃以散热冷却为主，空气下沉，同时也减弱了地面的散热。于是此地的湿润空气既无降雨条件，又无成露的可能。尘埃在这里竟制服了湿气，使地面得不到雨水的滋润，因此此地只能形成沙漠。

但事实上，我们确实在沙漠地区见到过清澈的空气和晚上那一片靓丽的云河星空。实际上起风时，任何沙漠都会有尘埃，而风平之时自然沙也会静，塔尔沙漠肯定同罗布泊等其他沙漠地区一样少不了阳光和煦的无风之日。认为尘埃阻止降水的说法是幼稚的。

恩格贝重新降雨带来的启示

从认为尘埃影响降雨的理论看出，人们对为什么会产生降雨的原因还不是很清楚。那就下面让我们再来了解一下降雨的原因吧。

在此，还是先向大家介绍一个原本不下雨，而之后又产生了降雨的地方，那就是在内蒙古自治区的包头市向南100千米的恩格贝地区。"包头"的蒙古语的意思是鹿城，而"恩格贝"原本的蒙语含义就是平安吉祥，这片地区在古代是一块水草丰美、风景秀丽的地方。而在上世纪80年代，恩格贝却演变为滚滚的流沙，在这片沙漠中根本没有什么降雨。但今天，恩格贝变了，因为不懈的人们在当地政府和志愿者的共同努力下种起了300多万棵高大的乔木，恩格贝从之前的黄色变为了今天的绿色，还变为了国家4A级景区。在以前没有人烟的黄沙所在地，今天已是绿色簇拥的片片房屋。以前因为风沙迁走

曾经是沙漠的恩格贝生态旅游区

的农民和牧民回来了，他们不仅在这里重新种下了玉米等植物，同时还养了很多牲畜……当然，其中最重要的变化就是恩格贝重新又迎来了雨水！

我们看到了恩格贝从不下雨到重新降雨的过程，这个过程到底可以启示我们的内容是什么呢？

我们头顶上的空中水库

我们知道地球表面有大量的地表水，即使在温度远比100度低的时候，地表以各种形式存在的水在脱离分子之间的束缚之后，就可以气化为水汽。正因为有这样的气化过程，在地球的大气圈里，也都充满了水。我们能够用肉眼看到的大气圈中水的表现形式就是云和雾。

积雨云

一般来说，很多人都会认为云主要是由水汽构成的，而事实告诉我们，云其实是由微小的、直径在0.02毫米左右的水滴和冰晶构成的，所以云才能够被我们的眼睛看到。对于地球的大气层来说，海拔每升高1000米，气温要降低6度。当水汽上升之时，高空的低温会将潮湿的空气冷却，当温度降到水汽开始凝结时，云就形成了。在云中的水滴和冰晶的粒子质量非常轻，地面上的上升气流轻易就可以将其托起，所以云可以长久漂浮在空中。

尽管云彩中的每个粒子的质量非常小，但是它们所构成的水的质量仍然巨大。在1立方千米的云层里，水分可达2000吨；1立方千米的冰雹层里，所含的水量高达6000吨；在一片积雨云中甚至可以达到500000吨！所以我们说，我们头顶上那形态各异的云层实际上就是一座座空中水库。

相对湿度达到100%才能形成降雨

测量空气潮湿程度的指标有湿度、相对湿度。

湿度是用来准确衡量气体中所含水汽重量的物理指标，其直接表示空气潮湿程度。由于水汽的质量是不会随温度或气压而变化的，所以湿度是一个非常稳定的指标。

而相对湿度，是指在当时温度下，空气所含的水汽量与同温度条件下所能达到饱和水汽量的百分比。相对湿度是一个饱和度的概念，它同时受到温度高低和空气中含水量的两方面制约。达到饱和时空气的相对湿度为100%，而想像中的完全干燥空气（这种情况并不存在）的相对湿度为0%。同时，这个饱和度取决于温度。从另一个角度来说，湿度是无法显示出其与温度的关系，而温度的改变会带来水汽饱

空中水汽与地面水汽配合带来降雨

和度的改变。由于两极的气温低于热带地区，因此对于同样湿度的空气来说，两极的相对湿度要比热带地区的相对湿度高。

当今科学告诉我们，当相对湿度达到100%时就会形成降雨。任何降雨之后继续前行的湿润空气都不会达到100%的相对湿度，如何使未能达到水分饱和的空气达到饱和是实现降雨的关键。

降水需要地面条件的配合

任何从湿润地区过来的空气都是非饱和的，也就是说当80%相对湿度的湿润空气到达一个地区时，如果前方有山地的阻挡，就会在山坡的迎风面产生空气的挤压，这种挤压会提高空气的相对湿度，这就是坡前雨形成的原因。而在白天过来的90%相对湿度的湿润空气，由于夜晚较低的气温，也会变为100%的相对湿度从而带来降雨，这就是晚间容易降雨的原因。

还有一种方式可以将相对湿度80%的空气变为100%。这种方式就是地面有其自己的蒸发量，这样的蒸发可以将以前空中已经凝结的小水滴变为大水滴，而当这样的水滴足够大，足以克服空气的阻力并不被低空较高的气温重新气化时，水滴就会从空中降落至地面形成降雨。一个标准大小的雨滴是由100万个小水滴组成的，每年全球平均有相当于1米的降水会从天而降，降水的形式也是多种多样。部分人错误地认为这些降水全部都是由云带来的，但实际上这种降水是云和当地水汽共同合作的结果。

在不能形成地形雨的地区，降水实际上需要两个条件：空中的湿润空气和地面水蒸气的配合，这也就是人们常说的空中条件和地面条件。

植被带来很好降雨的地面条件

每棵树都是巨大的蒸发器，它们就像一台台抽水机一样将地表的水分送上天空，之后这些在天空中的水分又变为雨水浇灌大地。一般来说，乔木的蒸发量会高于灌木，灌木的蒸发量会高于草，而在乔木中，阔叶林的蒸发量会高于针叶林。当森林足够茂密，也就是地面条件足够好时，此地就根本不需要外来水汽的补充就可形成降雨。如在南美洲内陆深处的亚马逊热带雨林几乎得不到远距离海洋湿润空气的补充，但那里也是雨量充沛。之所以如此，是因为在同样面积的情况下，热带雨林本身释放到空中的水分比起海平面来说一点不少，甚至由于植物主动的蒸腾作用还会高于海平面的蒸发量。正因为每棵乔木可以每年把十几吨、几十吨的水分送上天空，所以我们可以看到有森

南美洲茂密的亚马逊雨林

林的地方，空气都是湿润的。

在内蒙古草原上，有一个词语就是"接雨"。人们说，正是因为这片土地能够接到上天滋润的雨水，所以这个地方有植被。但我们现在知道，降水的地面条件主要取决于植物向天空蒸发的水量的大小，取决于地面植被的数量。并非是因为这个地方能够"接雨"才带来的绿色，而是因为这个地方有了绿色，有了地面的蒸发量才带来了天空的降水。

植被减少必会导致降雨量的下降

当地面的植被从森林变为草原之后，由于草带来的蒸发量无法与高大乔木相比，所以天气开始就不像森林时期那样湿润了。随后，草原又退化成为了沙地，在沙地上只有很少的植被残存，当然沙地地面的蒸发量又无法同草原相比，我们看到的现象是天气越来越干旱，降雨越来越少。就像50年前，锡林郭勒草原的降雨量是接近900毫米，现在只剩下300毫米左右。当年较大降雨量的原因在于50年前水草的肥美。但今天我们在锡林郭勒草原看到的都是已经裸露的沙地和稀疏的植被，今天的蒸发量根本无法同50年前相比，今天的植被就只能够带来300毫米的降雨。我们知道的是，当这片沙地进一步退变为沙漠之时，植物就会残存得更少，这里的降雨量就会变得更少。

由于植被减少带来降雨量减少的例子太多了。调查表明，1949年以来，四川的森林覆盖率由25%降低到13%。由于森林的大量减少，四川有46个县的年降雨量减少10%～20%，并出现了历史上罕见的春旱。

内蒙古高原会有暴雪的原因

由于草原和沙地上的蒸发量比森林地区小得多，所以其要等到相对湿度较高的空气光临之时才会产生降水，这就是草原主要在雨季降雨的原因。

尽管内蒙古高原的冬天是很干旱的，但其部分地区有时会产生冬天的暴雪，这种暴雪会带来气温的全面降低，牲畜的大量死亡，公路交通的全面瘫痪。那些被困在草原上的人们如果燃料不足也会因运输中断而会受到生命威胁。大家可能会感到奇怪，在内蒙古高原地区蒸发量如此不足的今天，为何在冬天会产生如此的大量降水的奇特现象？

实际上，内蒙古高原在冬天的时候主要是刮西北风，这些西北过来的冷空气是湿润的，因为他们来自于遍地都是积雪和森林的俄罗斯西伯利亚地区。这些湿润冷空气只要在路过内蒙古高原的时候产生过一次降雪，就马上会改变当地的蒸发量。我们知道，即使是固态的雪也是可以直接变为水汽的，这个过程不必经过液态水的阶段而直接蒸发的方式就是我们说的"升华"现象，直接的升华现象会带来大量的水分的上升，直接改变了地面条件，从而与空中条件配合在一起产生了暴雪现象。

沙漠中降暴雨的原因

人们往往认为，沙漠是缺少云彩的，沙漠中是极度干旱的，过去人们推测在塔克拉玛干沙漠腹地，年降水量会低于10毫米。由于"死亡之海"的恶名，人们认为塔克拉玛干是一个涓滴雨水不降的地方。

沙漠中也会有降雨

实际上这是一种错误的推论。经过多年实际观测，在偏北的满西地区，1988 年 1 年降水量达到 819 毫米；在沙漠中心的塔中地区，1989 ~ 1991 年的平均降水量也达到 214 毫米，远远超过吐鲁番盆地的降水，也高于同纬度的沙漠外围地区。在最大日降水量上，满西和塔中也分别达到 25.2 毫米和 12.7 毫米，达到中雨以上水平，而且还出现半小时内降雨 20 毫米的记录，更是成为暴雨了。

实际上，在茫茫的沙漠中也有一定的水分蒸发，只是这部分蒸发量少得可怜，估计能够达到海平面的 5% 就不错。所以只能有相对湿度达到 95% 左右的暖湿空气才能形成降水，但一旦形成了降水，那些不能马上被沙漠吸附的雨水就可以变为较之前多倍的蒸发量，从而带动更多雨水的降落。在卫星云图上，我们能够多次观测到在沙漠中出现的大面积水迹，那就是由沙漠暴雨形成的临时性湖泊，当这些临时性湖泊存在之时，当地的蒸发量就会提高。

我们不知为何带来植被的减少

尽管印度塔尔沙漠上空总是有很多的空中水库通过，但是塔尔沙漠的地表实在是太干了，沙漠中几乎没有什么水分的蒸发，路过塔尔沙漠的云彩尽管很是湿润，但是由于没有地面上水汽的配合，云中的小水滴是无法变为大水滴的，所以很难在塔尔沙漠降雨。在纳米比亚附近还有一片沙漠被称为水雾中的沙漠，那里的空中湿润程度会更好，但那里不降雨的原因还是在于没有合适的地面条件。

真是越没有植被就越干旱，越干旱植被就更难生存，这真是一个正反馈的恶性循环。我们现在的干旱来自于植被的减少，只要地面条件符合要求，就会带来降雨，如何保护地表植被是我们保持当地湿润的关键。也就是说，要想打破这个恶性循环的根本就是需要对植被进行保护，保持住当地的蒸发量。如同罗布泊和大斜地带中曾有很多辉煌的绿洲一样，那些地方都曾经有过很好的森林，都有过很好的降水，但为什么原本的森林变为了草原？草原变为了沙地？最后变为几乎很少降水的沙漠？植被的越来越稀疏带来了地面条件的破坏，带来了干旱。人们不知到底什么原因会带来地表植被的丧失，而这正是我们下一章要探讨的。

第四章　植被的丧失主要在于人为破坏

残存的罗布泊的美丽——于田大河沿

在新疆南部和田地区的于田县，有一条由南向北蜿蜒流入塔克拉玛干沙漠的克里雅河。之前的克里雅河最终会流入横贯沙漠东西的塔里木河，而如今克里雅河在距离塔里木河 100 千米的地方就已经干涸了。在胡文康先生所著《走进塔克拉玛干》一书中，专门描写了距离于田县向北 210 千米的克里雅河下游的一个几乎与世隔绝的居民点——大河沿。

即使到了今天，大河沿还是美丽的。尽管在东北风和西北风两种

塔克拉玛干腹地的克里雅河

盛行风力作用下形成的各式各样的高大沙丘慢慢地逼近河岸，但黄沙、碧水、绿树、嫣红的红柳花、罗布麻花、骆驼刺花仍然在交相辉映。进入秋天时，成排的胡杨用它们那满树金黄的树叶向人们招手，而各种胡杨枯树，仍以各种奇特造型，傲然挺立在沙丘上。这一切，构成塔克拉玛干沙漠残存的美丽图画。正是这份不可想象的沙漠腹地的美丽，使人们看到了塔克拉玛干原本的风韵。上世纪80年代，曾经参与塔克拉玛干沙漠考察的德国格廷根大学的乔奇教授说道：我到过世界上很多沙漠，但从未在沙漠的中心看到如此美丽的景色。用这位教授的话来说，大河沿地区就是沙漠中的世外桃源。专家们说，这是在克里雅河的滋润下，才造就了两岸的绿色长廊。

大河沿人的生活方式

上世纪80年代大河沿隶属于达里雅博依村管辖，这个村，可谓中国最大的村了，其面积达方圆200千米之巨。在如此之大的一个范围内，只生活着169户、800多位居民。尽管在毛泽东时代大家也被纳入到人民公社的序列，分成了生产大队、小队，但之前的人们除了牧羊之外从不生产任何东西。

大河沿人的牧羊同外界还是有些区别的，他们是在树林中放牧。胡文康先生在书中写道：他们的牧业与我们日常见到的大相径庭。所谓的放牧，实质上是放而不牧。我们曾遇见过许多羊群，却未遇到一个牧羊人。原来，羊群的主人将羊只放到胡杨林中就不再管了，过上十天半月，扛一把长斧，到胡杨林中砍个满地枝叶，羊有了吃的，树枝干了，主人也有了烧的。主人想吃肉了，再遍野去寻羊。

对大河沿人来说，最重的劳动就是一年一度的拦河筑坝了。原来，

达里雅博依村的村民饲养的羊群

河水现在只有在洪水期才能下泄到这里，为了使两岸的胡杨草地得到灌溉，必须在河中拦腰筑一道堤坝，使河水涨高流上河岸。这也是一种由生存本能养就的劳动习惯。这种习惯使本地绿洲得到灌溉，但这样截流的方式也同时带来了下游地区的进一步干涸。

从大河沿看到人们对薪柴的需求

如果从大河沿走向克里雅河的下游，有很多废弃的遗址，那里的植被早已被彻底破坏了。这种破坏与人类的活动有没有关系？我们也许可以从大河沿人的生活中寻找到一些端倪。

胡文康教授针对大河沿还写道：在大河沿，在当地居民的简陋灶台中，烧的都是胡杨的枝干。从这个现象中，我们可以看到当地人对胡杨树的大量砍伐。一般认为，在缺少煤炭的地区，人们对树林的砍伐，主要用于自己房屋等设施的建设和烧火做饭。实际上这只是一部分砍伐的目的，大部分的砍伐，尤其是在高寒地带的砍伐是由于冬天的人们无法像候鸟一样通过迁徙来躲避寒冬，而只能通过燃烧薪柴来取暖。

　　无疑，大量的砍伐是为了人们的取暖，因为当今中国的薪柴是缺乏的。据统计，我国农村人均年需薪柴0.66吨，8亿农村人口中薪柴基本可以自给者仅占7.8%，其余一般多缺柴4～6个月。而且，这里所谓的燃料"自给"，实际还包括一些不应作为薪柴的成分，如作物的秸秆、草根、树皮，甚至牛羊粪等，如果剔除应该合理用做饲料、肥料等的部分，则燃料短缺的情况更为严重。

大量砍伐薪柴是直接对大树的破坏

　　因为薪柴的缺乏，人们开始了对残存树林的砍伐。以科尔沁沙区

大量的树木被砍伐

库伦旗北部额勒顺乡为例，1340 户的居民每年薪柴所需的数量相当于破坏 13.9 万亩的灌木林。仅仅几千人的规模就会产生如此的破坏，如果有更多人们的聚集，可以想见需要多少薪柴，会带来多少树木的砍伐。樵采、毁林等则是直接导致土地荒漠化的人类活动。柴达木盆地原有固沙植被 200 万平方米，20 世纪 80 年代中期因樵采已毁掉三分之一以上。新疆荒漠化地区每年需燃料折合成薪柴 350 万至 700 万吨，使大面积的荒漠植被遭到破坏。

我们知道，人类因为薪柴带来的砍伐直接对大树造成了威胁，大量较大的乔木和灌木都被人们伐掉了。这样的砍伐由于是直接消灭绿色植物主体，使之失去再生机能，造成生态系统能量及物质转化运动的中断，因此破坏植被往往能直接导致流沙的出现。特别是在干旱荒漠地带，绿洲边缘灌丛沙堆植被的砍伐破坏往往成为绿洲周围沙漠化的重要原因。如塔克拉玛干沙漠周围绿洲附近的沙漠化，柴达木盆地南部青藏公路沿线若干居民点附近沙漠化的发展都是明显的例子。在沙漠化土地分布的形式上，砍伐活动所引起的沙漠化土地一般的特点是以居民点为中心向外扩大。

解决薪柴问题的参考办法

大自然是奇妙的，她不仅赋予了我们生命力极强的植物，同时也赋予了我们从树木得到薪柴的权力。我们不是不能砍树，只是需要知道怎么砍，自然赋予人类的权力是可以砍树木的侧枝。侧枝较细而且易于风干和燃烧。我们砍去树木的侧枝不仅可以每年都带来我们薪柴的应用，同时还对树木有剪枝的作用，可以让树木有更好的顶端效应，从而长得更高，更壮。我们如果将树木连根砍掉的话，尽管可以获得较多的薪柴，但只能得到一次收获。从一定意义上来讲，很多人真是不知道正确的砍伐方式，只是由于无知导致了生态的破坏。

实际上，缺乏薪柴是国际性的一个问题，将这个问题处理好的国家就能保持水土，解决不好这个问题，家园就会沙化。韩国是采用营造薪炭林来成功解决农村能源问题的国家之一。韩国将其国土面积的三分之一用于发展各种形式的薪炭林，10年就解决了全部薪柴需要。我们国家的内蒙古高原和青藏高原也是大量地使用易于燃烧、而且烧起来没有异味的牛粪作为冬季燃料。同时今天已经是高科技的年代，我们还可以有更多利用太阳能、风能的方式来解决我们的取暖问题。确实不希望再看到罗布泊周边地区的市场上每年冬天之前有大量被砍下的薪柴用于贩卖。

沙漠中的植被

牲畜对森林的破坏

除了人们因为薪柴原因去破坏植被之外，对树林同样产生严重破坏的就是牲畜了。对此论点，有些朋友肯定会问：牲畜怎么会去影响大树的生长呢？实际上，牲畜的确不会对大树产生太大的破坏，但牲畜却会消灭大树的后代。当小树开始发芽之后，其长出的嫩枝对于食草的动物来说就是美味，当人们将牲畜在树林里面放养的时候，长出来的小树很快就被它们啃食了。没有了小树的成长，大树到了生命的周期之后，大树死去，此地就不会再有树，这就是有牲畜就会失去森林的原因。

在各种不同的牲畜中，对植被破坏最严重的就是山羊了，绵羊最多也就是扒下小树的树皮吃。而山羊不仅会吃掉地表的草，扒掉树皮，

撒哈拉沙漠山羊爬树进食

还会在饲料不足的时候拔出草根吃掉，彻底地消灭植物的生命。同时山羊能爬上人都很难攀登的陡峭高山，吃掉山上本来生长树木的嫩枝，使原本可以完全不被人类破坏的植被彻底消失。对于山羊来说，其还有一个特殊本领，就是上树。需要的时候，它们会爬上大树，吃掉树上的嫩叶，带来大树的受伤。据对内蒙古鄂托克前旗十几个山羊畜群放牧点的调查，一只山羊一年可造成 0.097 ~ 0.273 亩强度沙化土地。

牲畜的啃食对草原真的有利吗？

当幼树被牲畜吃掉，老树到达其生命终点之后，森林就消失了，整个地区就会变为草原。但此时的草原还会生长有茂密的灌木和草。而牲畜还会对草原进行进一步的破坏。

当今有一种认为牲畜的啃食可以带来草和灌木生长的理论。这种理论认为当草和灌木的地上部分被羊吃掉之后，会进一步促进植物的生长。的确，有些灌木的确需要人工的平权，也就是没几年就要将这些灌木的地上部分剪掉，不平权的灌木活不了多长时间，而经过平权的灌木生命力反倒会旺盛。但这种理论成立是要有一定条件的，那就是这里并没有过度放牧的现象。

所谓过度放牧的现象，就是一块草原，原本只能饲养 10 只羊，但却养了 20 只，甚至 30 只羊。羊多了，平均每只羊的饲料就少了。饥饿的羊会将地面上的植被全部干掉。之前的草原的草会长几十厘米高，但在过度放牧的地区，草几乎长到 5 厘米就已经被牲畜吃掉了。在过度放牧的地方失去了绿色，代之以地面的黄色。尽管啃食作用有平权的效果，但在过度放牧的情况下，相信对于任何植物来说，当其地上部分每每长出不到 5 厘米就会被吃掉的话是无法健康成活的。

可怕的过度放牧

在当今商品经济发达，羊的价格不断上升的情况下，中国草场的过度放牧的情况是相当普遍的。各种实验的结果表明，除去过度放牧带来的牲畜过度啃食之外，另外的一个破坏就是牲畜对地面的重度践踏。在牲畜头数远远超过草地和沙地载畜能力的情况下，牲畜的践踏会造成草地植物的生机衰退和死亡。资料表明，重度践踏带来的土地的风蚀量是轻度的近 20 倍，这样在干旱时，就会产生风蚀而引起沙漠化。特别是在无人管理的自由放牧制度下，牲畜（特别是羊群）因受放牧半径的限制，终年在畜群点或水井点周围采食和践踏，这就造成此地更加严重的沙漠化。这种沙化的情况，往往形成以畜井点为中心，呈环状向外扩散（以畜圈和水井附近最为严重，愈往外破坏程度逐渐减低），形成沙化的"光裸圈"。

由于在放养情况下的过度放牧之时，牲畜会无处不在，会吃掉所

过度放牧

有的地表植物。应该说，在这种情况下没有植物能够活到产籽的时刻，久而久之，当地连草种都没了，沙地上留下的只是那零星的牛羊不吃的芨芨草的后代。我们要知道过度放牧是直接将草原变为沙地、沙漠的直接原因。

值得借鉴的新西兰轮牧养羊法

实际上，我国放养的养羊方式的效率是很低下的，内蒙古是大约18亩土地养一只羊，而对于新西兰来说，可以一亩地养一只羊，而且没有对生态带来破坏。在这里我们是否可以借鉴一下新西兰的21天养羊法呢？

21天养羊法是既有放养又有圈养的养殖方式。说是放养，因为新西兰的羊都是走动的，说是圈养，那是因为羊又被固定在较大的一片

科学的轮牧饲养法

区域，从而不会去破坏区域外的植被。具体方法是这样的：在养殖地，人们以中心的羊舍为中心，将外围的草地分为21块，因为草在21天内是生长最为迅速的，而草长到21天后会停止生长而开始产籽。羊第一天吃第一块，第二天吃第二块，当在第21天吃第21块时，第一块地已经又长到了最高的高度。羊吃的都是最高的草，同时羊对土地的践踏在21天也会得到完全的恢复。这种养羊法才是真正的轮牧。

实际上21天养羊法也是非常省力的。新西兰的做法是用会让羊疼痛但不会对其造成伤害的低压电来限制其行动范围。他们将饲养地变为一个电网圆圈，圆圈上标有21个均匀的刻度，人们再用两根裸露通电电线连接饲养地的圆心和圆圈上的刻度位置，从而来使羊移动吃草。这样的工作，只是需要每天将两根电线换到下一个刻度上即可，这样的工作简单到一个小女孩都可以独立完成。

完全可以圈养的牲畜

新西兰是个牛羊比人多的地方。新西兰的21天养羊法也是经历了几百年的经验积累，其不仅提高了畜牧的效率，同时还保护了外面的森林不被牲畜破坏，在春、夏、秋季羊吃的是低压电网内部的草，电网外面的草也被牧人们通过每21天打一次草的方式储存到冬天供牛羊食用，同时在外面没有被割掉的草也会产下草种，在风力的作用下这些草种会重新遍布饲养地。新西兰养羊法告诉我们，牲畜完全可以通过圈养的方式来进行。在新西兰，森林和草场的茂盛不断地将水汽送上天空，带来当地的湿润，形成了较好的降雨，而降雨无疑又会带来草场生长的茂盛，无疑是一个良性循环。

新西兰的养殖方式是一种圈养的方式，而圈养才能够不使牲畜破

新西兰用 21 天养羊法饲养的牲畜

坏原有的植被。实际上，在我们国家的山东省，也饲养了大量的羊，但山东的养殖方式主要是圈养。现今，国内一些省份和地区采取的是种植饲料的方式来对羊进行圈养。现在有些饲料非常高产，一亩地产出的饲料可以达几万斤，这些饲料经过发酵之后，不仅营养成分不会减少，而且更加符合牛羊的口味。可见，圈养比放养具有更高的效率。

我们完全可以通过圈养来在增加产量的同时保护我们的生态。

封育措施的重要

为了防止人的砍伐与牲畜的啃食以及践踏带来的对环境的破坏，我国制订了各项保护措施，当今对人为的砍伐是严加限制的，国家专门设立了森林公安来限制对树木的砍伐，很多地区还专门建立树林的保护组织——护林站。同时国家也在干旱半干旱地区原有植被遭到破坏或有条件生长植被的地段，实行一定的保护措施。如通过设置围栏，就可以把一定面积的地段封禁起来，严禁人畜进入破坏，这样就可以给植物以繁衍生息的时间，从而逐步恢复天然植被，这种通过封闭某地区来进行保护的方法就是我们所说的封育。封育是防治荒漠化土地，促进荒漠化地区天然植被恢复的重要措施之一。如在内蒙古正蓝旗尝试用围栏封起来1000亩的贫瘠沙地，两年之后围栏内部和围栏外部简直就是两个世界，一边是绿草片片，另外一边是光秃一片。这就是封育的效果。封育不仅可以固定部分流沙地，还可以恢复大面积因植被破坏而衰退的林草地，尤其是因过牧而沙化退化的牧场。因此，在中国防沙治沙工程十年规划中，封育治沙面积达266.7万平方千米，这一方法在恢复和建设植被方面有重要意义。

当今政府的限养、禁牧政策

在没有什么人口的地方进行封育是个好办法，而在人口相对较多的地方，中国政府制订了限养、禁牧政策。

所谓限养为了保护沙漠绿洲，人们以草定畜。如在腾格里沙漠中，20世纪末就开始限定牧民每人只能养殖60只羊，若还要饲养骆驼或牛，就按照一只骆驼顶七八只羊、一头牛顶五六只羊的比例来进行折算。这就是说，一个三口之家，只能养殖180只羊。限养的措施主要是为了防止草原进一步因过度放牧而损害。

所谓禁牧，就是在一段时期内禁止对牲畜的放养行为，要求对牲畜进行圈养。可以说，禁牧就是一种封育行为，如果能够彻底执行的话，就是全方位的封育。而对于为了保护草场而实行的季节性禁牧，也会带来草地的短期恢复。在今天的内蒙古部分地区，禁牧的对象主要是羊，而对于不会上山、不会刨草根的牛来说，则往往不在禁牧的范围之内。

当今政府还配备了相应的配套资金给每户牧民，用于限养的补贴和禁牧需要的买草费用。从理论上，如果能够将限养、禁牧措施彻底实施的话，草原和沙地就不会像今天这样退化严重，但事实并非如此。

很多地区限养、禁牧无法得到执行

如果我们去那些实行禁牧的牧区，还是可以在一些地区看到那遍地放养的羊群在啃食、践踏仅有几厘米高的草，甚至在政府投入围栏专门封育起来的飞播地，也有不少人破坏围栏将羊群放入，将多年政府的努力毁于一旦。不是已经禁牧了吗？为什么这样的现象没人管？

应该说，尽管政府投入了很多成本，但是在很多地方限养、禁牧

禁牧封育

政策的实施是失败的。禁牧禁不住的原因主要在于封禁与牧业的矛盾。对于牧民来说，他们的收入来源主要就是牛羊等牲畜的培育，而限养和禁牧无疑导致他们收入直接的减少。另外一个原因就是牧民的觉悟，有些牧民将政府补贴的限养款买进了更多的羊，有些牧民是白天不放，夜里 12 点出去放羊，早晨 4 点收队，借此来逃避政府的监察。再次，就是执法力度不够，因为放羊而对本来贫穷的牧民进行罚款等处理是很多人不愿去做的事。尤其是在少数民族聚居地区，政府为了和谐稳定，也主要是采取说服教育的方式。一次、两次，违犯禁牧政策的老百姓没有被处罚，其他百姓群起效尤。久而久之，见怪不怪的执法人员对违犯限养和禁牧政策的行为也就睁一只眼闭一只眼了。无疑，限养和禁牧政策得不到实施对整个牧区的生态影响巨大。

有效的封育法：人口的迁移

在限制了人的砍伐之后，能否实现有效的禁牧是保护植被的关键。那些短视的人们没有看到，当禁牧做不到之时，沙地变为沙漠之刻，他们面临的就是要背井离乡，迁移他地。人口的迁移会带来很好的封育效果。从人口迁移的效果看，最典型的就是清朝历史上对东北的封育。清朝对东北地区多年的封育保护了大兴安岭、小兴安岭的森林，保护了东北的植被，使东北成为至今还是雨水充沛、环境较好之地。

现在的人口从沙漠中迁出是在不得不迁的情况下进行的，但晚迁不如早迁。早迁还有恢复植被的可能，晚迁则已经完全变为了沙漠。以内蒙古某地区为例，由于过度放牧严重，导致 13.3 万平方千米以上草场严重退化，迫使 4 个乡的 175 户牧民迁移他地。这 175 户牧民带来的牛羊的价值没有多少，但这些牛羊破坏的面积却是巨大的。有些专家说，人口的迁移是需要费用的。实际上，按照每户牧民迁移的成本为20万元计算，仅仅3500万元钱就可以迁出这175户，就可以带来超过13万平方千米、占中国版图1.3%的荒漠化土地的恢复。在我们今天财力的情况下，人口从荒漠化地区的外迁完全是可以办到的。

野生动物每年会对植被带来很大破坏

对食草野生动物的保护要适度

人口迁移之后，尽管没有了人和过载牲畜的破坏，但还会有对植被的破坏，那就是食草的野生动物。在塔克拉玛干的生命舞台上，大型的食肉动物因人类的捕杀，生态环境的恶化，已逐渐走上消亡的道路。尚在名单中的国家一级保护动物新疆虎和雪豹，实际上在塔克拉玛干已经绝迹了。人们阔别它们，差不多已经有近70年了。塔克拉玛干的其他较大型兽类，如狼、狐、野猪等，目前虽然不敢说已完全绝迹，但数量极其稀少肯定是不争的事实。

但是，塔克拉玛干的另外一种一级保护动物野生双峰驼却至今还存在，尽管其种群集体已十分罕见，更多的是单个孤单活动，但人们还是可以看到至多不足10峰的野骆驼生活在一起，今天在沙漠公路沿途见到野骆驼和野驴已经不是十分罕见的现象。同时，今天的塔克拉玛干还有较多的食草动物——马鹿。

我们知道，这些野生食草动物的食量是很大的，而且在它们没有天敌的情况下，会迅速地繁殖后代，其必然会给需要恢复的森林和草场带来破坏。因此，我们如何在保护这些野生食草动物的同时也考虑到不让其对生态产生负面影响。在不允许猎杀的情况下，最好的方式就是将这些食草动物与保护地隔离开。

植被的丧失主要在于无知人们的破坏

有一种理论认为，当今植被的破坏是由于人口过多造成的。认为保护环境的措施之一是减少人口。实际上，那些被破坏的中国荒漠化土地都是人口稀少的地方，而像中国的湖南、江西这样的省份即使人口很多，植被也没有太多的破坏。对世界来说也是同样的道理，在诸如德国、日本这些人口密度极高的地方，地面的植被并没有被破坏多少。我们不能将植被破坏的原因归于人口的增多。

我们要知道，人口过多和人为破坏是两个完全不同的概念。人口多，但只要人不去过度砍树就没有问题，养羊只要圈养也没有问题。植被好的地方都是没有羊的地方。植被破坏地区的一个共同特点就是那里到处都是成片放养的羊群。现在非洲的撒哈拉沙漠如此，中国的内蒙古高原也是如此，现今罗布泊中的大河沿还是如此。但我们能够将植被的丧失归罪于羊吗？答案肯定是否定的。在这里，羊是没有什么过错的，羊是凭着本能生活的，它是无辜的。植被的丧失在于那些放牧的人，在于放牧者的无知，他们不知道羊会对生态带来这么大的破坏。是人的过错带来了宝贵植被的丧失！

被过度砍伐的树林

第五章　完全可以种植森林的沙漠

通过人工绿化恢复沙漠植被的思考

在南美古代玛雅人的废弃城池里，我们可以看到植物已经侵入其中，原本废弃的地方现在到处都是茂密的乔木和灌木，甚至有些大树的树根可以将之前的城墙紧紧包裹。同样的情况也发生在柬埔寨的吴哥窟等地。实际上，植物具有非常顽强的生命力，如果人类对植被不去进行破坏，当地同时也没有太多的食草动物的话，植被不仅会繁茂，而且会不断扩大其领地。大自然具有非凡的自我恢复植被的能力。

经过前几章的探讨，我们已经清楚地知道植被的丧失是沙化的原因。尽管有其他一些治沙的方式，但实践告诉我们的是恢复植被是最好的办法。我们如何保护植被，将会直接影响到我们同沙漠抗争的结果。实际上，保护也很简单，就是在一定区域内用围栏隔离、加强管护即可帮助解决问题。但仅仅保护是不够的，因为保护带来的封育需要较长时间，同时在当今茫茫荒漠中进行保护，由于没有乔木种子的来源，自然在很长的一段时间里面不会带来乔木的生长。

如果需要比较迅速地将生态进行改变的话，我们需要做的一个工作就是通过我们人的双手加快生态的良性改变。今天我们能否在沙漠中通过人工的方式较为迅速地恢复植被呢？

理想化的草灌乔结合的方式

通过人工种植的方式来对沙漠进行绿化是非常有效的，在当今采用的防治荒漠化技术与措施中，植树造林被普遍认为是防风固沙最基本、最常用、最有效的方法，也称为生物治沙技术，其效果已经得到了太多的实践证明。但问题是到底种什么样的植物才能够更好地使荒漠化的土地早日焕发青春，这才是我们需要探讨的。

当然，防沙治沙最理想的绿化方式是很多专家们提到的草、灌木、乔木结合的方式。所谓草灌乔结合就是地表10米以上的空间中有高大的乔木，1米至10米的中间部分有密密麻麻的灌木，1米之下是一片一片的绿草，这样的方式被认为是防风固沙的最好形态。我们说，这样的思考是属于理想的形态，因为如果能够达到这样的水平，当今世界上最美丽的田园风光也不过如此。

之所以说草灌乔结合的方式过于理想化，其原因还在于实施有困

乔木普遍拥有发达的根系

难，因为，如果同时在一片土地上种草、种灌木、种乔木三管齐下，不仅不科学，而且没有效率。其中，仅水分的补给不足的话，植物就会大量死亡，尤其对草来说，由于根系很浅，更需要特别多的人工灌溉。

关于先种灌木的理论

理想是需要一步一步实现的。要想达到草灌乔结合的结果，一定存在着一个先种什么、后种什么的正确方式。可以说，在当今理论界从适生的角度认为在沙地、沙漠中首先种植灌木为主的说法盛行。这种理论认为：由于灌木比较容易在干旱的地方存活，同时灌木比较贴近地面，会产生很好的防风、固沙的作用。还有一种理论认为在退化的草原上就应该去种草，因为草最适生。

实际上，真要说同高大的乔木相比，灌木和草的根都不会有太深。由于乔木的根普遍更要深于灌木，其吸水能力更强，因此能够种活灌木和草的地方一定可以种活扎根很深的高大乔木。灌木由于贴近地表生长，是会对地表有保护作用，但乔木生长起来之后，其阻挡风的面积比灌木大得多，灌木在这方面远远起不到乔木那么大的效果。同时如果先种植灌木的话，当灌木成长之后，边上新种植的幼小乔木面临的就是与成熟灌木争水、争肥、争阳光的窘境，如果先种灌木往往失去了高大乔木的幼年生长环境。如果真要说次序的话，我们赞同先种乔木。因为每一亩有树林的土地比裸露的土地要多涵养水分 20 吨，乔木成长起来的地方下面都会附带生长灌木和草。所以说，首先种植乔木才是正确的选择。

能种乔木，谁也不会种灌木

　　除去防风固沙之外，种植乔木比种植灌木会有更多的益处。植物的生长离不开重要的氮磷钾，由于乔木的根深，其可以吸收几十米深地下的氮磷钾，带来地下氮磷钾的提升，每年秋天树叶落下、腐烂之后就是富含氮磷钾的肥料。种植乔木，可以带来根系与土的结合，当乔木死亡之后，其会留下巨大的根系，这些根系腐烂之后同当地的沙子进行结合就是土壤，土壤实际就是沙子和有机物的混合体。同时成片的乔木更可以带来大量水分的蒸发，带来空气的湿润，带来更多的以降雨为标志的气候的改善。湿润了，下雨了，自然就会带来那些更多依靠地表水的草生长，如果此刻我们再种植一些灌木的话，那就会变成一幅美妙的风景。

　　同时，从植物生命力的角度来说，草的生命力也就是一年或者几年，灌木在不平权的情况下，普遍生命力也就是几年，几十年，如果我们种下的是灌木和草，那么每隔一定周期就需要复种，否则那里又会重新变为一片荒漠。而高大的乔木的树龄则可以达到几百年、几千年，种下的乔木一旦成活，则可以达到几乎一劳永逸的治沙效果。

　　理性地讲，能种高大、长寿的乔木，谁也不会用同样的精力去种低矮、短命的灌木！

认为沙漠之中种不活乔木的论调

　　在荒漠化地区种植乔木是国家多年的投入方向，也是多少林业工作者的心愿。国家投入了大量的资金在当地的植树造林上，各地也是用这些资金种了大量乔木。用一位荒漠化地区县委书记的话来说，如

塔克拉玛干沙漠中的胡杨林

果这些乔木都能够种活的话，那么连睡觉的炕头上都是树，之所以如此是因为之前累计种植的面积是县里所有土地面积总和的 3 倍。我们从种植面积是 3 倍土地面积上来看，那一定是种了死，死了再种。从很多荒漠化地区的现状看，很多乔木都没有被种活，可惜了国家的资金，可惜了当地投入的人力。

面对乔木种不活的现状，很多人都在探索其原因。人们想要知道在荒漠化地区，到底为什么种不活乔木？当今的专家将在沙地、沙漠中种不活乔木的原因归结于沙土地的贫瘠。无疑那些松散的沙质或土壤颗粒构成的地表是脆弱、缺养分的，但此说法是不能成立的，因为有些植物还喜欢这样粗糙的沙地。今天还有人认为：荒漠化地区乔木死亡更主要的原因是在于荒漠化地区的干旱和降水量的不足，是水分缺乏及水分状况的不稳定限制了乔木的生长繁衍。也就是说，沙漠、沙地种不活树的原因主要在于缺水。

塔克拉玛干沙漠中挺立的胡杨

人们说沙漠中种不活乔木，但我们现在仍可在塔克拉玛干沙漠中发现成片的乔木——胡杨。对于胡杨，民间是这样传说的，胡杨一千年不死，死后一千年不倒，倒后一千年不朽！这一说法虽有些夸大，但也真实地反映了胡杨树生命力的顽强。

塔克拉玛干的胡杨，其实有两个品种，一种是胡杨，一种是灰杨。由于灰杨对水分的需求要高于胡杨，所以灰杨的分布空间要少于胡杨。由于二者在习性、外形上都十分相似，所以老百姓都习惯统称为胡杨。实际上胡杨树究竟能活多久？现在没有人能说得准确。人们传说中的一千年，实际上是因为胡杨的根蘖本领。胡杨的水平根系能达到几十、上百米，从水平根系上又能繁育出新的植株。人们祖祖辈辈看到总是生生不灭的胡杨，总会以为它的生命也是很长久的，其实，几代人看到的也许不是同一株树，而是它的祖孙几代。在有些条件好的地段，胡杨会有较长的生命周期，甚至有些胡杨树胸径可以达到 1.5 米粗。在沙漠公路 50 多千米处的路旁，就有 1 棵直径 1 米多粗的古胡杨，为了保护这棵大树，人们将原本笔直的公路到了这棵树附近往左弯了一下。

塔克拉玛干沙漠中的胡杨告诉我们：乔木完全可以在沙漠中存活。

不可想象的沙漠中的芦苇

在塔克拉玛干沙漠中，我们不仅可以看到高大的胡杨，在极其干燥的塔克拉玛干沙漠腹地，也会常常见到大片大片的芦苇，你是否相信呢？如果你乘坐小型飞机在塔克拉玛干的上空从窗户俯首下望之时，你会在茫茫沙海中发现一个个黑色的小窝，其颜色有浓有淡。这实际上就是分布在沙丘间洼地上的一片片芦苇，因其疏密度的不同而呈现了色调上的差异。而且，在这样的色调之中，除少数地方偶尔有几丛红柳外，基本上是芦苇的单一世界。

在人们的印象中，芦苇总是与水联系在一起的。湖光水色，芦花飘荡，是一幅典型的水乡风光。在我国古代的植物图籍中，也是将芦苇归在"湿草"一类。芦苇择水而生、择湖而居，被人们认为是天经地义的。但令人没有想到的是，干旱的新疆居然也是芦苇的家乡！新疆的博斯腾湖，芦苇年产量曾达到40万吨以上，是我国最大的野生芦苇产区之一。而全新疆的芦苇总产量，在上世纪50年代末曾经达到过1400万吨之巨。

沙漠中生长的芦苇

沙漠中的芦苇告诉我们，在沙漠中水生植物都可以生存！塔克拉玛干沙漠中并不缺水。

沙漠中的乔木是在依靠浅层地下水活着

在对塔克拉玛干植物的分析中，我们发现在这片沙漠中，旱生、沙生植物仅占次要地位，植被组成的主要成分竟然是介乎于水生与旱生之间的中生植物。我们从中可以看到塔克拉玛干植物对水分的依赖性。我们知道，胡杨树是温带阔叶林落叶树种，属于杨柳科。一说起杨柳，人们会自然将它们与水联系在一起：河旁湖畔，垂柳依依。一般来说，杨柳科的树种，确实都是喜欢水的。同时我们也知道，阔叶林会有很大的蒸发量，如果说离开了大量水的补给，植物的生命就会逐渐终止。如果仅仅依靠大气降水渗入到沙层中的极稀薄的水分，是不能使蒸发量很大的胡杨树立足于沙漠的。那么是哪里的水源供给了胡杨树如此之多的水分？

无论是胡杨还是芦苇，他们水分的来源只有一个，那就是遍布于沙漠中的浅层地下水。1983 年就进入塔克拉玛干的石油物探队，通过实践探索出了一条规律，这就是在每建一处新营地时，总是要先去寻找沙漠中的芦苇滩，然后用推土机推出 2 ～ 3 米深的坑，只要经过一个晚上的时间，原本空荡的沙坑中就能聚满汪汪一池清水。这些水矿化度一般都不太高，只要稍加净化即可饮用。这些来自于浅层的地下水就是塔克拉玛干沙漠中胡杨和芦苇的生命源泉！

世界很多沙漠都有丰富的地下水

实际上，世界上很多沙漠中都已经发现有足够保障植物生长的大

调查表明塔克拉玛干沙漠拥有丰富的地下水资源

量浅层地下水。一份资料显示，据科学家调查，在举世闻名的撒哈拉沙漠的下面，有形成于 1.8 万年前的地下海，这个已经被发现的地下海的水量达到 60 万亿立方米。我们知道，之前 95% 的用水依靠地下水的国家利比亚，一年开采出来的地下水也只有 25 亿立方米，可见 60 万亿这个数字是多么巨大。有如此之好的地下水条件，如今撒哈拉竟然是沙漠，真是太遗憾了。不可想象的是，在这个富水地区上世纪 60 年代还发生震惊世界的大旱灾。

同样的情况也发生在中国新疆的塔克拉玛干沙漠。调查结果表明，在 22.5 万平方千米的塔克拉玛干沙漠腹地，地下水储藏量达到 8 万亿立方米以上，这个数字相当于 8 条长江的流量。之前谈过，如果说人们将撒哈拉沙漠中的地下水开采出来，可以给 450 万平方千米的撒哈拉沙漠铺上 13 米厚的水层；而如果我们将塔克拉玛干沙漠中的地下水

沙漠中的绿洲

抽上来的话，竟然可以在这 22.5 万平方千米沙漠铺上 36 米厚的水层，这个数字几乎接近撒哈拉地下海 13 米数字的 3 倍。塔克拉玛干沙漠的平均土地面积的地下水富集量，竟然要远远高于那地下富水的撒哈拉沙漠。

实际上任何沙漠中都有水

　　在沙漠中我们种植的高大乔木同草是不一样的，草是主要依靠地表水来生存，而高大的乔木因为其巨大的根系可以从沙质土地的较深处吸水。有人可能会问：沙质土地较浅的地表会有水吗？有水的话不是会马上漏下去了吗？实际上，这是人们认识上的一个误区。我们在任何沙地，哪怕是不久前吹过来的流沙，只要一星期后，在这片原本绝对干燥流沙的一米深处，就可以发现植物可以依靠的湿润沙层。

沙漠中真的不缺水。诚如在上一章我们谈到的，在沙漠中也会有降雨，有时还会下暴雨。在很多沙漠中，还有很多没有被流沙掩埋的湖泊，如我国境内位于内蒙古阿拉善高原的东南部的中国第四大沙漠——腾格里沙漠，尽管其具有非常强的流动性，每年格状沙丘都在不断地向前推进，但干旱的腾格里沙漠里还有着片片绿洲和几百处青绿色湖泊，呈现出勃勃生机。在正在沙漠化的浑善达克沙地中，我们也可以发现无数美丽的天鹅湖。

可以肯定地说，在任何沙漠中都有足够乔木生长的水分供应。并非是因为缺水才在沙漠地区种不活乔木。

沙漠中的敦煌月牙泉

可以依靠地下水恢复的沙漠化土地

通过罗布泊地下的考古我们知道，在之前原本森林茂密、水草肥美的罗布泊地区，由于人和牲畜对大量地表植被的破坏（也不排除战争原因），使罗布泊地区原本的自然生态平衡受到了巨大的破坏。在公元前 1500 年左右，罗布洼地进入了漫长的荒漠期，直到公元前 500 年左右，罗布泊的地下考古显示，那里是荒无人烟的地方。

然而，在人类离开罗布泊之后，奇迹发生了。罗布泊的地质历史告诉我们，进入公元前 1000 年，罗布泊地区气候得到了扭转，罗布泊的西湖开始充水，湖泊面积一度扩大到 2000 平方千米左右。当然，由于罗布泊地区原本积累有大量的盐壳，我们也可以断定当时的湖水为微咸湖水。此时罗布泊生态得到了恢复，出现了新绿洲，可以说是重新进入了一个更为良好的时期，这为之后楼兰国的出现、楼兰文明的兴起提供了重要的自然生态基础。

公元前 1500 年～公元前 500 年间罗布泊地区自然环境的重新恢复是在罗布泊已经变为沙漠的情况下转折的，那个时代无疑同今天一样，罗布泊几乎少有河流的注入。罗布泊那个时段的变化无疑归功于植物的重新恢复，而当时大面积植物的恢复所依靠的水源只有可能是塔克拉玛干富集的地下水。

人民公社时期在内蒙古种植的杨树

人们都说，在沙漠地区种不活树。实际上就如塔克拉玛干沙漠中的胡杨一样，在很多沙漠中都有历史上乔木存在的痕迹。如在北京的正北方的浑善达克沙地就有很多野生的榆树，榆树属于硬木树，其具有非常强的生命力，现在被保护的那些老榆树都是到有千年历史的老树。每年这些老树无数的榆树种子还在靠着风的力量而四处散播，在附近我们可以看到很多不足 1 米的小榆树，那是老榆树的子孙。但遗憾的是，那些小榆树已经被牛羊啃食得像灌木一样，因为每年长出来的一些嫩枝都被牛羊吃掉了。如果不将它们保护起来，这些榆树永远

沙地中当年人民公社种植的树木已经成林（远处）

也不会长到 1 米以上的高度。

　　小榆树告诉我们在浑善达克沙地，只要受到合理的保护，野生的树木都是可以生长的。同时在被人们认为不适宜种植乔木的那片土地上，还有一片人民公社时代种植的杨树！大家都知道，杨树是速生树种，其寿命仅有不很长的几十年，这批人民公社时期栽种的杨树已经接近了其生命的终点。我们不敢想象这批杨树自然死亡之后当地光秃一片的景象。真是不希望看到这片杨树的死去，因为其正是这片领土完全可以种树的证明。

种活乔木的内蒙古流沙沙漠

　　实际上人们不仅可以在沙地中种活乔木，甚至可以在完全是流沙的沙漠中种活乔木。浑善达克沙地目前还不是遍布流沙，而有一片比起浑善达克沙地的环境还要恶劣、完全是流沙的沙漠，那就是在包头向南 100 千米的库布齐沙漠，人们在这片遍布流沙的沙漠中建立了一个绿化点——恩格贝基地。从 1989 年开始，很多人就在那里默默地种树，不可想象的是，当地经过人们几十年的努力，竟然种植了近300万棵乔木，绿化了几十平方千米的土地。之前这片不下雨的地区开始降雨了，10 年前吃顿饭要开车出行 50 千米的不毛之地如今变为了绿色家园，原本的沙漠变为了田地，完全的流沙地变为了国家 4A 级景区，现在想要去那个地方要收门票费用 80 元。农民、牧民们又回来了，又有了成片的玉米地，当地又见到了羊群。

浑善达克沙地生长着许多榆树

实际上，在完全是流沙的沙漠中，只要将树苗栽种得更深，只要在栽下乔木的前几年保护住其水分，就完全可以使乔木成活。恩格贝基地用铁的事实告诉我们，即使在流沙中也是有保证乔木生存的水分的，在流沙中完全可以种活乔木！

种植乔木大量死亡的原因分析

当我们说到沙漠中完全可以种活乔木的时候，有些朋友自然会问起，那我们之前在那里种植了那么多的树为何都死了呢？

实际上，我们之前在荒漠化地区是种植了很多乔木，但种植效果并不乐观。由于种植下去的乔木的大量死亡，很多人还得出了荒漠化地区不适宜种植乔木的错误结论。但对此问题我们的答案是：之所以我们之前种植的大片乔木不能成活的原因主要在于三点：1. 牲畜的破坏；2. 种植方式的不合理；3. 后期养护没有到位。对于第 1 点有关牲畜的问题我们已经在之前讨论过了，在第 2 点种植方式上，无疑我们需要在较少降雨的荒漠化地区更深地种植苗木，这样这些苗木可以在水分比较丰富的地下较深处得到更多地下水的补给。在恩格贝沙漠，必须要将杨树树坑的深度挖到一米才会遇到较为湿润的沙层，而当我们只种半米深的时候，尽管我们也可以看到树木的站立，但其成活率

罗布泊粗大的胡杨树证明这里曾经是树木繁茂的地方

已经大大降低了。针对第 3 点后期养护上，我们也许做得更加不够，乔木种植下去之后，由于根系的生长需要三年左右，所以一般要在一些干旱季节补充水分，也就是说要保证其三年的浇水养护。但很多地区只是将乔木种下，后期没有养护。这样不负责任的种植、养护方式带来的结果就是种植林的大量死亡。

带来死亡率的植树间距政策

我们种植的乔木出现较高死亡率的另外一个原因就是错误的植树间距政策。当今，按照我们国家林业局的标准，种植乔木的标准是每亩 110 棵，这 110 棵就是按照 2 米到 3 米的间距品字形进行排列，国家林业局规定低于这个数字的种植密度就不符合标准，因此也就不会享受国家有关的补贴和奖励政策。

每亩 110 棵这样的数字导致树木的生长太密集了。由于给这些树木留下的伸展空间只有一米多，那些可怜的松树稍微长大一点之后，其展开的侧枝就开始同边上的其他松树相互碰撞。在内蒙古锡林郭勒盟的国际友人的基地中，我们看到按照 110 棵标准种植 13 年的松树，其胸径仅有 10 厘米，而在那里按照每亩 20 棵同时种植的松树，其胸径就达到 30 厘米，其每棵积炭量是 2 到 3 米间距树木的 9 倍。如此计算每亩种植 20 棵的积炭量还会高于 110 棵。

每亩 110 棵的政策还导致了幼树的死亡。因为原本 1 棵树可以享受的阳光、水分、肥料现在有 5 棵树去抢。原本不用浇水的现在也要进行人工浇水，但过分密集的树木下面侧枝横生，根本进不去人，这也带来了养护的巨大困难。

从翼展计算和实际经验中得知，松树的间距应该至少 4 至 5 米，杨树至少需要 8 米。

当今的南水北调工程

大家都说，中国南方是缺土，青藏高原是缺氧，北方地区是缺水。

由于北方地区的缺水已经制约了人们的生活和经济发展，实施南水北调工程被专家们认为是解决缺水的根本途径。人们希望通过西线、东线、中线的南水北调工程，形成一个长江、黄河、淮河和海河东西互济、南北调配的水资源网络，以此来解决我国北方地区的缺水问题。

南水北调中线工程经过长江水利委员会几代技术人员始终不渝的勘探、测量、规划与设计工作，于 2003 年 12 月 30 日开工。目前，南水北调中线工程已经接近完工，2014 年从河南南阳丹江口水库将会开始向京津地区调水。南水北调工程国家投资巨大，国务院南水北调工

南水北调工程建设

程办公室统计显示，仅在"十一五"期间，南水北调东、中线一期工程批复设计单元工程 84 项，核定总投资约 1405 亿元，占已批复动态总投资 2289 亿元的 62%；这个数字并没有包括用于东线治污和中线水源地保护的投资。

尽管投资巨大的南水北调工程已经让我们看到了成绩，但我们还要说这是一项治标不治本的工程。因为一旦未来汉江流域由于植被的破坏而水量不足时，我们之前的努力就白费了。

完全可以通过植树实现南水北调

既然在沙漠中都可以种活森林，那么如果我们大规模地植树造林，并做好后期维护的话，就能够产生北方地区的地面蒸发量，这些地面蒸发量可以与南方过来的湿润空气相互配合从而更多地形成北方地区的降雨。也就是说，我们也可以通过种植寿命长、并具有巨大蒸发量的乔木的方式带来中国北方荒漠化地区的降雨，这也就是通过绿化的调水。

实际上靠绿化调水更有效率。我们的南水北调中线工程计划平均每年可调出水量 141.4 亿立方米，在枯水年按照 75% 计算，也可调出水量约 110 亿方。而这些水的供水范围却是总面积约 15.5 万平方千米的唐白河平原和华北平原的西中部。满打满算这每年 140 亿立方米的供水平均下来也就是给当地增加 90 毫米的平均降水量。而由于森林的缺失，当今很多荒漠化地区的降水减少都是在几百毫米，如河北的张北县，上世纪 50 年代降水可以达到 900 毫米，而现在的年降水只有 300 多毫米。我们如果通过植树恢复了当地的降雨量的话，其恢复的就不是这几十毫米的降水，而是几百毫米的降水改变。

我们完全可以通过植树实现真正的南水北调！

第六章　地下水的丧失不是因为种树

认为种树造成地下水丧失的误区

　　记得几年前参加了一次在密云的公益植树活动，看到密云水库周围的秃山，本人对当地一位负责绿化的领导说，如果能够在密云水库流域种上成片乔木的话，会更加有助于密云水库水源的涵养时，那位领导马上说道：理纯，你可不能乱出主意，你要知道，每棵乔木都是巨大的抽水机，每年都会将很多吨水送上天空，如果在密云水库流域种上大片乔木的话，这些抽水机就会将密云水库的水抽干，密云水库的水可是北京人的命根子，我们真是不能在密云水库流域种树，否则这潭水就会干涸了。

　　无疑，这位领导的心是善的。这种反对种植乔木的思考来自于对生态观的另一错误理解。如果之前自己没有对地下水有过一些研究的话，也会认同这位领导的说法。的确，既然种树会通过蒸发带来当地空气的湿润，则自然也会带来地下水的抽取，造成水库的干涸。实际上，当今很多地方不敢种植乔木主要就是因为这种思想的影响。但这种生态观真的正确吗？我们要将这个道理说清楚，否则，这样的说法会影响我们美丽中国的建设。

大片森林的地方地下水并没有丧失

　　实际上，我们从现实中就可以看到这种理论是有问题的。之前在中国建起了 8 万多座水库，很多水库就是建在生态良好、丛林茂密的

植被可以很好的涵养水源

地方，但这些地方并没有因为大片森林的存在而导致水库水位的下降，如能够给我们引水的丹江口水库流域中树木就相当繁茂。相反在很多没有树木的地方，一些水库反倒干涸了。如在内蒙古高原上的一些地区，周围不再有乔木的踪影，但其原本具有充沛水量的水库如今已经是一滴水都没有了，显而易见，并不是树木的吸水带来水库干涸，相反，有树木的地方还会带来更充沛的水量。也就是说，我们如果将丹江口流域的乔木全部毁掉的话，丹江口水库不久也会像当年罗布泊一样干涸。

同样我们如果再去实地测量一下种植乔木地区的地下水水位，我们会发现森林地区会有很高的地下水位，没有任何证据证明大量乔木的存在影响了森林地区的地下水位。同时，按照专家们的数据，每一亩森林将会比裸露的土地多涵养水 20 吨。森林地区会有更多水的积累。也就是说，如果在密云种植树木的话，不仅不会带来密云水库水位的下降，反而还会更好地帮助当地涵养更多的水份。

土地强有力的吸附水的能力

我们说，正是由于水的存在，所以除去极其高寒和盐碱地区之外，任何地方都可以将乔木种活。我们甚至可以看到在那高山之巅，也会有乔木的生长。是什么因素使山顶会有水？是因为之前有雨水的聚集吗？在很多山的顶部可以说是根本存不住雨水的，即使会有降雨也会马上流下去，迅速被山顶土壤吸附的那一点真是不会满足山顶树木对水的需求，那到底是什么原因保证了对山顶树木的水分供给？

实际上，这种现象真是印证了一句老话，那就是"山多高，水多高"。这些水是哪里来的？按照重力的理论，水往低处流，我们根本不可能在内蒙古高原上看到湖泊，内蒙古高原上的水应该流到高原下的张家口，张家口的水应该流到更低海拔的北京，北京的水应该流回大海才对，但为什么这些水反倒留在了较高之处？

实际上，理解这一点很简单。如果一张纸在其下部遇水之后，我们可以看到水很快会浸润到较高的纸张上部，一块海绵也会发生同样的现象。实际上地球就是一块大海绵，地球上面的土壤和岩石都具备非常强的对水分吸附的能力。

山中会有泉水的原因

正是由于吸附原理，所以山尖上才会有水，我们才能在即使很高的山顶都可以种活树。大地一直不断地对水分子进行接力棒式的传递，尽管对于每个土壤分子来说很简单，也就是将自己一侧的水分子转到

山上的泉水

相反的一侧而已，而当自己吸附的水分子被一侧较少水分的土壤分子吸引之后，其也会向另外水分较多的一侧去争夺新的水分子。土壤分子这种传递水的力量是分子力，这种分子力是重力的几千倍，甚至是几万倍。应该是地壳中所有的土壤、岩石的分子都在参与着这种伟大的传递！

正是由于这种强大的吸附力，在山的顶部就会有水分子的出现。当较高的地方有水分子的时候，自然在较低的地方，如在山顶之下100米的地方水的压力就会较高，以至于促使较多的水分子脱离岩石或土壤分子而被挤向岩石或者土壤的缝隙之中。再加上水分子和水分子的相互吸附，带来了挣脱土壤分子力的小水滴的出现，而这些小水滴之后会变成大水滴，在条件成熟的时候会流出山体，这就是我们看到的山泉！我们说，山泉的产生完全来自于大地的吸附能力，山泉产生地点的水平线应该就是这座山体内部的地下水位线。

山泉可以带来山中的悬湖

如果我们将山体内部流出的这些山泉截留住，就会形成山中的小湖。其中，自然原因截留的如汶川地震就形成了堰塞湖，如一些火山喷发，其火山灰堵住了原本山泉流下的通道，就形成了火山湖，这些湖都是悬挂在山的半腰。汶川的堰塞湖就是因为担心其对低海拔地方人口居住区的威胁而被人为地炸开了缺口进行了引流。还有人为原因截留的就是我们所说的水库，很多水库都在较高海拔的地方，如北京的密云水库，其海拔比北京市区就要高得多，一旦其大坝损毁，北京将是一片汪洋。

如果水库截留的大坝足够高的话，应该说，水库的水位会与山体内部地下水的水位差不多，因为这个水位，决定了山泉是否会流淌。在枯水期，由于蒸发和人为用水等原因，水库水位有所下降，此时较

山顶的湖泊

高水位的山泉就会对较低水位的水库进行一定速度的补充，但由于是先降低后补充，所以自然枯水期水库水位会略低于山体内部水位。当然如果蒸发量和抽取量绝对大于泉水补给量时，湖面就会降低。而在丰水期，由于有上游入水的补给，水库形成的水位会高于山中的地下水位，此刻较低水位的山泉就会停止对水库的供给，土地会由付出变为吸附，直到水库水位与山体地下水位持平。我们知道土地的吸附力是需要时间的，而当丰水期的入水量大大高于用水量和土地吸附速度的时候，就会产生洪水的危险。

土地吸附力带来的沙漠中的水

正是因为大地强有力的吸附水的能力，所以在塔克拉玛干盆地沙漠中，由于周围有很高的高山，自然这里就不会缺水，而这一点已经为事实所证明。

在塔克拉玛干沙漠腹地进行油气勘探前期，勘探人员所用的水完全是靠飞机、沙漠车从沙漠外面运进去的，1 公斤水的成本高达 20 元。为了找水，人们掘地三尺，挖了几处坑，但当时除了深处坑壁沙层稍湿外，都没有见到水。但失望的人们到了第二天却发现那些挖过的坑都汪上了一池清水，虽然带有咸味，但有水就有办法，他们调进了带有净化设备的沙漠车，终于解决了水源的问题。这一办法百试百灵。于是，每到一处新营地，物探队的第一件事就是用推土机推出一个深 3 米许，长 10 余米的大水坑，勘探期间再也不用担心缺水了。

我们说，勘探队找到的水不是来自河流，而是来自土地强有力的吸附能力。由于塔克拉玛干盆地周围的高山都很高，自然山体内部的地下水位也会很高，塔克拉玛干本来就应该是一个水体，但由于此地有较大的蒸发量，再加上没有树木对表面水分的涵养，原本可以流出的山泉都被沙漠表面的干燥沙子迅速吸走了而已。知道了这个道理，在沙漠中的人只要在沙丘之中的较低处用铁锹挖开沙子，就不会被渴死。真是神奇的大自然啊！

从恩格贝水洼中几十年取水证明

在上世纪90年代，到处都是流沙的内蒙古包头南的库布齐沙漠恩格贝地区下了一场大暴雨，这场大雨首先告诉我们的是：即使在流沙的沙漠中也是可以有暴雨的。同时，我们在想象中会认为在沙漠中，水会很快地渗入地下。而这场大雨告诉我们的却是：土地对水的吸附能力是需要时间的，因为在短短时间内降下的巨大水量并没有渗到沙地里，而是集聚在一起，在流沙地区形成了山洪。在此，山洪将松软的流沙地冲出了一条河道，在河水切割力的作用下，产生了几个小水洼，这些水洼的水位仅仅在沙漠下面两米多深，这场暴雨还告诉我们的是：在这片流沙地上，地下水的水位是如此之高。

正是这几个10米宽、几十米长的小水洼带来了恩格贝绿化基地几百万棵乔木的灌溉。每天人们用水泵和水管灌溉近处的树木，用水车灌溉较远距离的树木。但让人们感到惊奇的是，每天人们都用去这些水洼的大量的水，当每天晚上结束工作的时候，尽管水洼的水位会下降10到20厘米，但是到了第二天早晨，水洼的水位又恢复到了以前的位置。就这样，人们用水洼的水灌溉了几百万棵树木几十年，但水洼的水位并没有降低。

从地表取水不会造成地下水的丧失

之所以恩格贝的水洼被抽走了如此多的水，但其水位并没有降低的原因在于其一直是从地表取水，当水洼的水面降低之后，从土地里面自然会涌出补充的泉水来平衡地下水和水洼的水位差，无疑这一切都是充分利用了土地的吸附能力，是土地的吸附能力将水重新补充到了水洼之中。

在塔克拉玛干沙漠中的大河沿，我们可以发现当地人是通过打开口井取水，井就设在自己的房前，沙漠地区地下水位很高，大河沿的井深一般就是几米，有趣的是，大河沿人不用井绳吊桶取水，而是将一根胡杨树砍出一级级台梯，放在井中，沿梯下井取水。当地人祖祖辈辈都喝这口井水，并用井水浇地，但是井水的水位并没有降低。

实际上，人们从地表取水自然不会带来地下水水位的变化，这一点不仅在恩格贝得到了证明，而且也为整个中国的灌溉历史所证明。我们中国一直是个农业大国，之前也是用了大量的水来浇灌我们的土

从开口井中取水就是从地表取水

地，但是我们的地下水并没有变少，水库的水位并没有降低，这一切都是源于我们之前在灌溉时使用的都是地表水。

当今对地下水的取用

之前我们使用地表水，但要利用好地表水我们需要修建水渠或者采取其他方式进行运输。聪明的人们之后发现，如果能够利用机井抽取地下水则是一个省力的方式，因为这种方法具有水量稳定、水质好、没有运输成本等优点，于是机井水就开始成为了农业灌溉和生活利用的主要选择。

当今世界，对地下水的取用可谓愈演愈烈，在中国也是一样。如甘肃河西走廊地区，20世纪70年代就开始大规模开发利用地下水，而在新疆的缺乏河流的地区，对地下水的大规模取用历史则更早。在讨论通过《全国地下水污染防治规划》（2011—2020年）的国务院常务会议上，专家们指出：目前中国地下水开采总量已占总供水量的18%，北方地区65%的生活用水、50%的工业用水和33%的农业灌溉用水来自地下水。会议又指出，全国657个城市中，有400多个以地下水为饮用水源。随着中国城市化、工业化进程加快，部分地区地下水超采严重，水位持续下降；一些地区城市污水、生活垃圾和工业废弃物污液以及化肥农药等渗漏渗透，造成地下水环境质量恶化、污染问题日益突出，给人民群众生产和生活造成严重影响。

机井的地下取水方式

实际上我们取走的地表水，其主要的补给是土地分子力吸附上来的地下水。而当我们在较深处挖井之后，就会产生出大地的缝隙。由于大地内部的水压基本上是均衡的，水分子自然就会对这些缝隙进行填充，直到地下的缝隙被全部填满，达到原本的一份均衡。在机井使用之前，我们都是用的是开口井，这样的直径一至两米的井由于直径较大，自然也会有较大的出水量，同时由于此刻水井底部及四壁的压差相同，这些开口井的井水水位就是地下水位，对井水的补充也是从地下水位之下的水井四壁进行全立体、均匀的补充。开口井的取水方式是从地表取水。

但遗憾的是今天我们抽取这些地下水的方式却是另样的，现在我们对地下水的抽取采取的是机井作业。今天所谓的机井无非就是将一根直径40厘米左右的铁管通过一些方式一直打到地下一定的深度，在这根铁管的底部装上电机和泵，从低于地下水位较深的地下位置取水。由于铁管的直径有限，要想获得较大的取水量，人们必须将水管打到

新打的从地下取水的机井

地下水水面之下较深的地方，通过较大的压力差来获得稳定的水量。

机井取水的方式不是从地表取水，而是从地下取水。

机井造成地下水水位的降低

在张北地区我们曾经打过一口实验机井。为了取得较好的水量，整个张北地区的机井取水水位都是在地下 80 米，当这口井做好之后，我们在测量井深的时候惊讶地发现，这口井的初探水位仅仅才 6 米。

通过"山多高、水多高"的原理我们知道：在吸附力的作用下，水并非往低处流，而是水往少处走。哪里水少，水多的地方的水分子就会向那边扩散。当我们打下 80 米深的铁管之后，由于整根铁管是封闭的，于是整个机井的取水点就在 80 米的深处的一个位置上，这个点由于水量的大量抽取，从而成为了整个地下区域相对水分最少的地方，于是附近土地中所有的水都奔向那里进行补充。

然而我们还知道另外一个常识：大地的补充能力是需要时间的。如果机井的抽取水量大于土地的补充能力，在机井 80 米上方的水自然也会下落对这个点进行补充，否则就会产生压力差。当这种因为压力差的补充开始的时候，当地原本较高的地下水水位于是开始降低，地表层的含水量将大大减少。

机井为何越打越深

当一口机井从 80 米深度取水好办，毕竟一台水泵打出的水是有限的，土地可以对其进行迅速的补充，当数台水泵都是在这个水位抽水的时候，由于抽取量过大，这个 80 米深处的水压就会大大降低，这种降低会使机井出水量大大减少。人们说水井被"吊"起来了，说的就是这种情况。此时的机井已经不能在这个 80 米的位置取到需要的足够的水了。

为了解决这个问题，有人率先将新的机井打到 100 米深，这口 100 米深的机井当然水量充沛，但由于它的出现，那些 80 米深度的机井就更喝不上水了，为了保障出水，人们又都将 80 米深度的机井废除，将新的机井打到 100 米深。但这 100 米的维持时间也是短促的，因为同样这个水位也会枯竭，人们还会将机井打得更深，从而带来的是恶性循环！

现在全世界运用机井的地方地下水位都在不断下降。河北省的张北县是非常注重节水的地方了，但今天张北县的平均机井深度都在接近 80 米。再看看旁边的化德县，其取水井深已经达到了 130 米，更让人惊诧的是就在离官厅水库几十千米的河北怀来县某乡，井深已经达到了 300 米，打一口井需要人民币 50 至 60 万元，当地的百姓现在吃水都是严重问题。不知道过几年那里的井深会不会像河北衡水某些地区一样突破到超过 500 米的深度！

机井会带来地面的沉降

据有关资料显示，由于运用机井的不合理开采方式，会产生地面的沉降。世界沉降值最大的是墨西哥城，墨西哥城是兴建于 1325 年的一座古老都城，当年蒸汽机在这个城市起到的一个重要作用就是抽取地下水。在长期抽吸地下水的影响下，在 1820—1960 年间，墨西哥城地面沉降值已达 6 ~ 7 米，这样的沉降致使大型建筑物崩裂或倾斜。

沉降的情况在我国一些地区也是相继发生，如秦皇岛市柳江盆地，水源开采量为每天 5 万立方米，水源地投产半年后，其四周 24 平方千

过量开采地下水导致地面沉降

米范围内相继出现地面沉降和地面开裂，286 个、总面积达 28.32 万平方米的地面塌陷坑，使 16 个村庄的 1700 间房舍遭到破坏。我国多座城市已发生地面沉降。在大、中城市中较为典型者，如：上海、天津、西安、无锡、常州、宁波等。在大、中城市的沉降给城市建筑、地下生命线工程、道路交通、市政工程的使用造成了程度巨大的损害。

无章法地使用机井会使地平面以"惊人的速度"下沉，上海市地面沉降除去带来直接经济损失之外，还会带来相对海平面的升高，带来海拔仅几米的上海被海水淹没的危险。

机井导致部分地区地下水水质恶化

除了机井带来的地面沉降外，机井还会造成地下水水质的恶化。

我们知道土地内部的水分原本是均衡的，地表也只能吸收一部分雨水，多余的水主要是顺着河道排出了。但在地下取水的机井打破了原本的平衡，机井使取水点成为了土壤中水的低压点，各方地下水都奔向抽水点进行补充，因此出现了以机井取水点为中心的地下水降落漏斗。据《光明日报》2000年1月20日报道，国家第二期一等水准复测结果表明，新疆克拉玛依地区呈大范围的显著下沉趋势，形成一特大漏斗。据《城市导报》2000年6月6日报道，长江三角洲以苏、锡、常为中心沿沪宁铁路线向外扩展，已形成5500平方千米范围、40～50米深的大漏斗型无水区。

在没有产生地下水漏斗的地区，地表水不会有太多的渗漏，而在有机井的地方，由于地下水位的下降，地表水会向下流动，此刻如果这些地表水含有污染物的话，这些原本应该通过河流排放的污染物也会顺势进入地下，从而污染整个地下水系统。当今真是机井多深，污染多深。国土资源部网站发布的《2010中国国土资源公报》显示：

民勤县关闭的第1351眼机井

"全国 57.2% 的地下水水质低劣"，其原因就在于此。

可笑的海水西输观

机井的运作方式导致产生漏斗的同时，还导致很多污染物进入地下。专家们谈到：我国地下水污染主要是面源污染和点源污染两个方面。所谓的点源污染是指目前一些垃圾填埋场、废矿石填埋场、工业生产点排放的污水等。而相对于点源污染来说，更严重的是面源污染，这种污染无处不在，其原因在于当今我国农业上使用的化肥量很大，其中氮、磷等元素会在漏斗区更多地渗透进入地下水，污染水质。

同时，我国沿海地区由于机井的使用导致了因海水入侵带来的地下水水质恶化，这也是世界上许多沿海国家滨海地区水资源开采中共同遇到的严重问题。应该说，在 1966 年前未大量开采地下水时，沿海地带基本不存在海水入侵问题。20 世纪 70 年代后大量使用机井之后，70 年代末期的地下水位比 1964 年时下降了 10～40 米，导致了严重的海水入侵。

说到这里，让我们想起了一个通过海水西输来灌溉新疆沙漠地区的荒唐理论。如果这样的方案实施的话，先不说引进的海水处理之后的巨量盐分如何处理，仅是沿途海水的渗漏就会带来中国大地的一片盐碱化，如此遗祸子孙的事情我们千万不能去做。

逐渐消失的恩格贝小湖

我们之前谈到了恩格贝基地被洪水冲出来的小湖，人们就是用这几个小湖的水浇灌几百万棵树木几十年而没有造成湖水的减少，但就在近短短几年间，这些小湖的水位在急剧下降，为了保住这些小湖的湖水，当地政府开始用抽取地下水的方式来对这些小湖的湖水进行补充，但这样的效果并不乐观。

现在我们已经知道，之前湖水不会干涸的原因在于大地的吸附作用，在于我们是从地表取水。而之后，随着恩格贝地区几百万棵乔木的矗立，随着气候的好转，随着这里成为了国家4A级景区，农民回来了，宾馆建立了。当一片一片的庄稼地重新开始耕种的时候，我们遗憾地看到，图省事的农民并不是从湖里引水浇地，而是挖下机井，用地下水浇地。那些宾馆、餐厅的用水也全部都是地下水。而当机井开始隆隆作响的时候，我们知道其带来的是地下水水位的下降，带来的是新的漏斗的形成，带来的是恩格贝小湖的失去。

用抽取地下水的方式来对湖水进行补充无疑是饮鸩止渴，因为其破坏了大地原本的巨大吸附能力带来的地下水的高水位。真正保护恩格贝湖水的办法是：停掉机井！地表取水！

停掉机井的泉城——济南

在中国山东省，有一座叫做"泉城"的城市，即山东省的省会——济南。济南以"泉城"而闻名，可见其泉水之多可算是全国之最了。在济南，平均每秒就有4立方米的泉水涌出。济南比较著名的泉就有四个：珍珠泉、黑虎泉、金线泉、趵突泉等，其中最著名的就是趵突泉。趵突泉水清澈透明，味道甘美，是十分理想的饮用水。相传乾隆皇帝下江南，出京时带的是北京玉泉水，到济南品尝了趵突泉水后，便立即改饮趵突泉水，并封趵突泉为"天下第一泉"。趵突泉在一泓方池之中，北临泺源堂，西傍观澜亭，东架来鹤桥，南有长廊围合，景致极佳，在这里每天会涌出7万立方米的泉水。为什么济南的泉水这么多呢？这主要与济南的地形结构有关系。它的南面是山东有名的千佛山，千佛山带来了地下水的吸附，带来了山体内部的较高地下水水位。

　　但遗憾的是，由于开始应用机井，闻名中外的趵突泉自1974年后开始出现不定期的断流，到1989年时，该市著名的七十二泉一度全部干涸。2001年趵突泉没有了生机，但在济南市政府的努力下，到了2003年9月6日，沉睡548天之久的趵突泉恢复喷涌，真是"趵突腾空，水涌若轮"。从此日至今，趵突泉已经基本上恢复了四季泉水不断的景象。

　　这里需要指出的是，济南恢复趵突泉涌的简单办法就是：停掉机井！

重新喷涌的趵突泉

树木是从地表取水

对河北省张北县来说，几十年前，每家每户院子里面都有一口手压井，人们可以很方便地喝上甘甜的井水，这种方便不比城市里面的自来水差。但现在，人们失去了这样的便利，因为地下水的水位早已下降到了无法靠人力抽取的深度。我们现在面临的一个发展中的难题就是如何控制地下水水位的不断下降。济南可以让趵突泉复活，相信其他地区也可以用同样的办法解决这个大难题！

在此，我们还要强调的是：在地表取水不会带来地下水的丧失。而树木是从地表取水，自然树木不会造成地下水的减少。就像恩格贝小湖一样，今天取完明天还会有，生生不息。而一旦树木将吸收的水分送上天空的时候，气候就会更加湿润，就会产生更多降雨，就会更好地灌溉地表的植物，使之更好地涵养地表水分，达到真正自然形成的草、灌、乔结合的美妙！

此刻，我们一定要记住大自然给人类调水的两种方式，其一是靠天空中的彩云调水，其二是靠土地的吸附能力调水。我们完全可以更多地植树造林来享受大自然的恩赐！

第七章　小心太平洋的干涸

从地表取水是否会带来地下水减少？

在我们提出种树由于是从地表取水，所以不会带来地下水丧失的时候，可能又有朋友要问：地下水难道不是有限的吗？如果任凭树木一直来抽取地表的地下水，是否也会带来地下水资源的减少？面对这样的问题，我们必须要给出客观正确的答案，因为如果地下水都被大量乔木吸干的话，通过种树来改良生态的方式就会被重重地打上一个问号。

地球上的任何动物和植物都离不开淡水。树木需要的水也是淡水，如果用海水浇灌树木就会因为盐分的过高而导致树木的死亡。人类文明的发展史无一不是从大江大河流域展开谱写的。水，尤其是淡水，是大自然赐给人类最宝贵的资源和财富，是人类生命的基础。那么我们地球上到底拥有多少水资源，其中淡水资源有多少？回答这个问题意义重大，因此无疑是我们必须要探讨的内容。有一种理论说：全部淡水仅占地球总水量很少一部分，即使是这有限的淡水，其中 99% 以上却蕴藏在南北两极的冰雪中或地下，其余不到 1% 的淡水也有将近一半含在土壤和空气中，余下的一半多蕴藏在江河湖泊中。这样的观点对吗？

我们这一章讨论的就是地球上水资源的总量问题。

大气水、地表水、土壤水、地下水的概念

人们都说，在我们居住的地球上，水的分布非常广泛。它的体积

达到了 13.6 亿立方千米。水的分布从垂直上下的角度看，可以分为大气水、地表水、土壤水、地下水。同时还有一部分水存在于生物体中，也被称为生物水。由于生物主要都生活在地表，而且地球表面生物体内的贮水量仅为 1120 立方千米左右，其数量完全无法与地表水相比，我们在此就将其融入地表水的概念不予单独命名和讨论了。

在此我们再明确一下这几个概念。所谓大气水就是以气态形式存在于大气中的水。而地表水则是指包括地球表面上海洋、湖泊、河流中的水量的总和。土壤水是指储存于地表最上部约 2 米厚土层内的水。据调查，土层的平均湿度为 10%，相当于含水深度为 0.2 米，如果以陆地上土层覆盖总面积 8200 万平方千米计算，那么土壤水的储量为 16500 立方千米。在仅有 2 米深的土壤中，还没有形成重力水。而在两米之下，就有了形成重力水的可能。在此，我们将地表之下储存于地壳约 10 千米深度范围含水层中的所有重力水称为地下水。

地球地表水的数量并非可观

在一般人的观念中，地球的地表水的水量是巨大的。当我们面对地球仪时，呈现在我们面前的大部分面积都是代表水的鲜艳蓝色，从这个意义上说，也有一定的道理。人们知道：地球总面积为 5.1 亿平方千米，其中海洋面积为 3.613 亿平方千米，大致占地球总面积的 70.8%。海洋的总水量为 13.38 亿立方千米，占地球总水量的 96.5%，折合成水深可达 3700 米。除海洋外，还有湖泊、河流、沼泽、冰川等。地球的表面约四分之三被水所覆盖。从地表面积来看，地球可以说是一个名副其实的大水球。

实际上，尽管地表水覆盖了地球 70% 以上的面积，但其总体积却仅占到地球总体积的万分之二左右。人们还说如果将所有的地表水平铺在地球表面，平均水深就可达 2640 米。但人们忽略的是，地球的半径约是 6500 多千米，表面的这仅仅 2640 米的地表水的深度只是占到地球半径的万分之四左右。我们知道岩石分子有极强的同水结合的能力，如果有一千个地球岩石分子多吸收一个水分子的话，地球表面上的这些地表水很快就会被地球吸附干净。由此可见，从体积上来说，地球表面的地表水并不多。

塔克拉玛干的沙海

带来淡水循环的大气中的水量

在这里还是要谈谈我们大气中存在的大气水。地表之上的大气中的水汽来自地球表面各种水体水面的蒸发、土壤蒸发及植物散发，这种散发借助空气的垂直交换向上输送。人们发现，空气中的水汽含量随高度的增大在减少。观测证明，在 1500 到 2000 米高度上，空气中的水汽含量已减少为地面的一半；在5000米高度甚至减少为地面的十分之一；再向上，空气本身就更加稀薄，水汽的含量就更少了。大气水在大气层的7千米范围内的总量约有12900立方千米，已经接近整个大气内部水汽的全部，这12900立方千米大气水折合成水深约为25毫米，仅占地球总水量的0.001%。在整个地球上水汽的变化范围非常大，即使是在被人们认为最干燥的沙漠地区，都有水汽的存在。大气中的水汽最高还可达到高度约55000米的平流层顶部。虽然大气水的数量与地表水差出几个数量级，但其活动能力却很强，大气水是云、雨、雪、雹、霰、雷、闪电等气候现象的根源。

我们要记住大气水只占地球表面上总水量的很小一部分。实际上，大气水的意义并不在于其含量多大，而是在于大气水可以连续不断地通过降雨带来地表的宝贵淡水。

地下水储量的概念

地下水是水资源的组成部分。我们说的地下水是指在地面以下，存在于土壤、岩石的孔隙、裂缝和洞穴中的水的储量。地下水有水量稳定、水温低、水质好、不易受污染和开采成本低等优点。我们可以比较方便地计算出大气中的水量，对大江大湖中的地表水也可以通过对其体积的测定而得出大致的数字，但我们至今无法对地下水的可用量有明显的判定。

20世纪50~70年代，中国许多水文地质工作者把地下水看作一种矿产资源，因此广泛地采用地下水储量这一概念来表示某一个地区的地下水量的丰富程度。按照这一概念，地下水储量分为静储量、调节储量、动储量和开采储量。这四大储量分类是原苏联普洛特尼柯夫提出的。

在此我们要对地下水的"储量"的概念产生一些质疑。如果说一个泉眼一直不断地在流淌，你说其有多少储量？储量的说法是总量的意思，应该是用多少减去多少，但地下水并不是这样，因为地球的吸附能力，是在一定抽取范围内用多少大地还会通过吸附回馈多少，不存在总量减少的概念。也许用可抽取量来取代储量的概念更合适。

地球内部的巨大水压

我们都知道，地球上大洋的最深处在马里亚纳海沟，深度为11034米，如果我们计算一下，10.336米深度相当于一个大气压，那么在海沟底部的压强约有1100个大气压。一个标准大气压约等于一工程大气压，即一千克力每平方厘米，1100个大气压相当于在每平方厘米上产生1100千克的压力，每平方米上的压力将要达到1100万千克。在如此的压力下，地表一般的岩石早就会被压成齑粉了。

我们只是知道海底的水压巨大，而对地下的水压没有概念。如果我们在海拔1450米的河北省张北地区打上一眼井，6米就可以发现有水。如果我们也将这眼井的深度打到马里亚纳海沟同样的深度，那么其在这个深度的压力将会达到1240个大气压，会高于马里亚纳海沟的海水压力。因为有高山的存在，在地球吸附能力的作用下，同样高度的地球内部的水压要高于同样海拔的外部水面。正是因为地球内部有如此高的水压，所以海水才不会倒灌，才会有泉水的产生。马里亚纳海沟的深度仅有11千米，而地球的半径约是6500千米，我们仍然可以计算出100千米、1000千米地下水的压力，那是要让我们瞠目结舌的数字。

惊人的地下缝隙水总量

相信在地球内部如此之大的压力作用下，物质将会结合得更加紧密，这也许就是越往地球内部延伸，物质比重越大的原因之一吧。同样如果岩石之中一旦有缝隙，也会被高压水全部充满。这种充满在岩石缝隙之中的水我们称之为地下缝隙水。

科学家认为，利比亚、阿尔及利亚、埃及和苏丹等北非国家大面积沉积含水层所含地下水体积最大。但他们只能估计，遍布非洲的地下水储量是现在已知地表水储量的100倍。这种对地下缝隙水水量难以定论的情况，其原因在于地球各地的地质构造、岩石条件等条件不尽相同，再加上我们对地下的探测设备也有限。因此很难对地下缝隙水储量给出更精确的估算。无疑地下缝隙水是巨大的。如果仅按照2%的含缝隙水水量比例计算，130千米深度的缝隙水就相当于整个地表水的总量。

实际上，地下缝隙水绝不仅仅处在100千米这样的地球深度数量级上，在美国地球物理学会出版的专刊上。华盛顿州立大学的地震学家在对地球内部深处扫描时发现在东亚下面存在着一个巨大的缝隙水水库，其中的水量相当于一个北冰洋的水量。而这个深度却是在地下近1000千米。如果我们还是仅仅按照2%的缝隙水含水量，计算1300千米深的缝隙水总量就会是地表水总量的10倍！

地球岩石中的巨大水量

除去缝隙水外，地下还存在着大量的水，这些水同岩石紧紧地结合在一起，我们称之为结晶水或者结构水。结晶水不是液态水，而是

岩石中富含大量的地下水资源

水分子同岩石的结合，而结构水是呈 H^+、$(OH)^-$、$(H_3O)^+$ 等形式参加岩石晶格的离子。

可能有些读者还要问：岩石中也会有水吗？答案是肯定的。因为如果我们在一个干燥的容器中对一块岩石进行加热，我们就会发现干燥容器的湿度在上升，这些湿度的来源就是岩石中的水分。岩石的物理风化就是岩石在大气和温度等条件的影响下失去水的过程。而当岩石完全失去水之后，其也许就会变为细细的粉末。岩石中的结构水比结晶水要更加稳定，在400摄氏度的温度，岩石中的结晶水就会析出，而要想让岩石析出结构水则需要超过500度的温度。

不要小看结晶水和结构水的水量。我们知道地幔是指深度为地下33～2900千米的圈层，其体积占地球总体积的83%，质量占地球总质量的67.6%。通过计算，地幔中的岩石中的结晶水和结构水的总量将会达到地表水的5倍之多！

科学家在一块 1 亿年前的火山岩中的钻石中发现百分之一的水分

同样含水的火星岩石

　　火星是距离太阳最近的第四颗行星，直径相当于地球的半径，表面积只有地球的四分之一，体积只有地球的 15%，质量只有地球的 11%。在今天火星的表面是一滴水都没有，从表面的情况来看，过去的科学家们曾经认为火星内部的水资源相当贫乏。

　　伴随着技术的进步，科学家研究了两颗火星陨石，它们是相对比较年轻的陨石，是火星部分地幔熔化后在火星浅表层和表面形成的晶体，形成于火星地壳下方的地幔中。这些陨石之所以能在大约 250 万年前坠落到地球上，是因为火星曾经发生过一次猛烈的撞击事件。科学家使用了一项被称为二次离子质谱法的技术探索火星陨石中蕴藏的"水资源"信息，研究小组认为这些来自火星地幔中的陨石存在百万分之七十至三百的含水量。比地球地幔的百万分之五十至三百含水量还要高。研究结果表明了水在火星形成期间就出现了，并且火星具有存储水资源的能力。

　　先不说火星的地下缝隙水，仅仅火星中岩石中的结合水就是一个天文数字。科学家发现火星内部存在庞大的水资源，在某些地方的水资源储量甚至与地球内部相当。

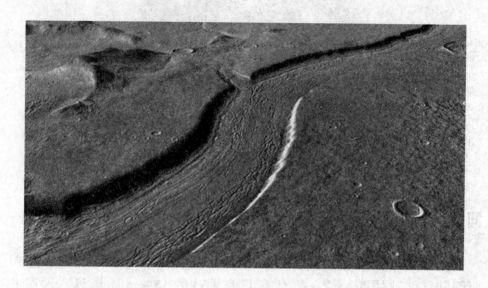

火星上的远古河床

火星上的宽阔河道

从2004年开始，隶属于美国国家航空航天局的"勇气"号和"机遇"号这两台姊妹火星车就不停地在火星表面上行走，它们一直在探测数据，直到工作寿命结束。"勇气"号和"机遇"号火星车体积足有与两个高尔夫球车相当，最惊人的探索便是发现这颗红色的星球上有大量的河道，这些干涸"河道"是被流水冲刷的结果。火星车日前发回的图像还让我们看到，一些火星岩石中含有火星古老河床碎石，这也是火星表面确曾有水流淌过的铁证。

根据美国国家航空航天局火星轨道探测器上浅层雷达获得的资料，科学家绘制出最新火星3D地图，发现火星净土平原（Elysium Planitia）地下掩藏着长达上千千米的河道。这意味着，数亿年前火星上曾有大量的河水！据英国《每日邮报》网站报道，欧洲航天局当地时间2013年1月17日公布了其火星探测器"火星快车"号发回的一系列照片，照片中的信息显示，一条巨大的河道长1500千米，深300米，宽7000米，且拥有众多支流。

这一切都证明了火星上原本液态水的存在，可以想象在远古的火星表面流淌着汹涌江水的情景。那时的火星肯定还少不了有广阔的湖泊和海洋。

火星的水到底在哪里

通过对火星河道的研究，人们发现，火星河道的水流很大，由此带来的结果是河道的深度至少比以前想象的深一倍。从宽度和广度上看，那时的水流速度比现在地球最宽的亚马逊河每秒105吨的流量要快很多倍。正因为有如此之大的流量，火星河水的侵蚀作用比我们之前所想象的要更强。

科学家们今天认为火星表面曾经存在着大量流动的水，但是让人感到疑惑的是为何今天火星的表面却是如此地干燥，到底是什么原因使那些曾经宽阔的河流随着时间流逝而消失？实际上，这也不难解释，同地球一样，本来地表水就是整个火星全部水量的一小部分而已。水分子没有能力脱离火星的引力走向外太空。今天火星的水还在，只是改变了存在的形式，火星的大量地表水只有一个流向，那就是从地表走向了地下，那些火星地表水只是被火星本身重新吸附了，重新变为了与岩石结合的结晶水和结构水而已。

对火星水的研究，不仅关系到未来火星是否可以有生命生存条件，也是警示我们不再让地球重蹈火星的覆辙。

好奇号拍摄的火星岩石照片

天天都在吸收水分的大地

正是因为岩石对水的强烈的吸附力，所以在很多表面上没有水分的星球上也许都蕴含着充沛的水分，对此我们只要对其岩石的含水量进行测量就可大致得出有没有水的结论。火星表面没有水，但火星内部的岩石中的含水量要远远大于过去的估计。我们现在不能再认为是否缺乏地表水就是星球上有没有水的表征，而是要有整个星球岩石水的总量的概念。也就是说，对于水星、木星这样的星球来说，我们有必要用岩石水的概念去对其进行生命适宜程度的分析。

对于我们的地球来说，内部的水量比起地表水大多了。地球的地表水实际只占地球总体积的万分之二。如果 1000 个岩石分子吸附一个水分子的话，地球上所有的地表水都根本不够岩石吸附的需求。

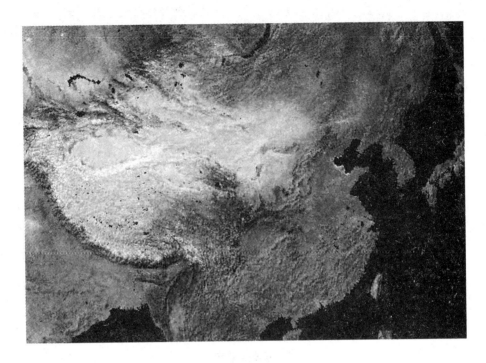

中国荒漠化卫星图

科学家最新的分析认为，地球本身就是一个吸水的大海绵，地幔在不断地吸收水，地幔每年吸收的水有 11 亿吨，但只吐出 2.3 亿吨。尽管速度不是很快，但无疑很多水在不断地流向地幔，这是一种分子力的吸附。

断流的黄河流域全部都是吸附

20 世纪 70 年代以来，黄河下游断流频频出现。断流严重的 1997 年，山东利津站全年断流 13 次，累计 226 天，330 天无黄河水入海，断流长度达黄河下游河道长度的 90%。黄河断流现象引起了中国政府的高度重视，断流已影响依靠黄河供水的城市居民生活和工农业生产用水，并使水质恶化。同时，由于冲刷入海的水量大大削减，大量泥

断流的黄河

沙淤积于下游河床，使河道行洪能力减弱。因此，一旦遭遇特大洪水，黄河决口改道的灾难将不再耸人听闻。

专家认为，黄河断流是自然与人为因素叠加所致，但以人为因素为主。研究表明，黄河为雨水补给型河流，其断流的主要原因是由于上游植被破坏带来的黄河流域降雨量的不断降低；其次，黄河由于缺乏统一管理，大量的河水被黄河两岸抽取，引水能力大大超过黄河可能的供水能力。如果不是中央采取有效措施，黄河完全断流是完全有可能的。

在此，我们想要强调的是，在黄河断流期间，所有黄河流域的大片土地全部都是在吸附水分，在这片土地上所有降落的雨水都被大陆吸收掉了，黄河不会产生向大海的水量补充。

不忍看到太平洋的干涸

如果黄河断流的情况进一步发展，后果将不堪设想。因为我们看到从荒漠化地区流出的江河的水量在变得越来越小，世界最长的尼罗河现在已经没有什么水量了。如果我们的长江流域继续进一步荒漠化，我们的长江是否也会像黄河一样水量越来越小，甚至同黄河一样有断流的危险？

据 2000 年 8 月 22 日《中国海洋报》报道，北极出现了 5000 万年未见的景象：通常在夏季厚达 3 米的极点冰盖化作了一汪海水。如此多的冰山的融化原本会带来海平面的上升，但我们却发现海平面今天却没有什么变化，这是在说明我们大洋的水在不断地减少。如果世界各个大陆的河流最后都同黄河一样，如果亚马逊、长江、恒河等各条大江大河全部断流了的话，就不会有河流水对大江大海进行补充。但大海、大洋本身却有着巨大的蒸发量，而当大海、大洋的蒸发量大于整个海底的泉水补充之时，整个太平洋的水量将会越来越少，最后会变成一片干涸。

当年罗布泊就是这样变成了片片盐壳，当年富有地表水的火星就是这样失去了地表水。

地球对水分的析出和吸入的平衡

地球是太阳系八大行星之中惟一被液态水所覆盖的星球。地球上水的起源在学术上存在很大的分歧，目前有多种不同的水形成学说。有观点认为在地球形成初期，原始大气中的氢、氧化合成水，水蒸气逐步凝结下来并形成海洋；也有观点认为，形成地球的星云物质中原先就存在水的成分。另外的专家认为，原始地壳中硅酸盐等物质受火山影响而发生反应、析出水分。还有观点认为，被地球吸引的由冰构成的彗星是地球上水的主要来源，每个小彗星带来的冰都是地球上的一个湖泊的水量，如此导致了现在地球上的水还在不停增加。

但我们现在知晓，如果一个星球上的岩石含有水，那么这个星球上面就有水。冰彗星不仅可以降落地球，也可以降落火星和木星。但火星和木星表面没有水的原因应该是这些水都被火星和木星的岩石吸收掉了。

地球和火星一样，都是富含水分的星球，其一直在不断地吸入水分，也在不断的吐出水分。当吐出量大的时候，就会形成河流和海洋，产生地表水。而在吸入量大的时候，整个地表水就会消失。如何保持一定地球的吐水量是保证我们人类生存环境的关键因素！

植物对海平面保持起到的关键作用

地球刚刚诞生的时候，没有河流，也没有海洋，更没有生命，它的表面是干燥的，大气层中也很少有水分。那么如今浩瀚的洋面，奔腾不息的河流，烟波浩淼的湖泊，奇形怪状的万年冰雪，还有那地下涌动的清泉和天上的雨雪云雾，这些水是如何被地球吐出来的呢？

研究人员认为火山是一个主要通道，可以将内部巨大的"水资源"转移到星球的表面。同时相对今天来说，原本的地球表面没有今天那么大的海拔落差。但由于大陆板块的运动，使喜马拉雅山脉越来越高，马里亚纳海沟越来越深。越来越大的落差为更多的泉水的析出带来了条件。这些科学问题目前的一些结论还是处在猜测的阶段。

　　但即使是猜测，我们也还是可以知道，地球水析出的另外方式就是被植物所抽取，尤其是巨大的乔木，其巨大的根系从地球表面吸取了大量的水分子，在地表的水分子浓度降低之后，整个地球内部的水会源源不断地到地表进行补充，这种吸附力也是巨大的分子力。一方面岩石向内吸附，另一方面，树木也是在向外抽取，两者的平衡结果将会带来海平面的上升和下降。

　　我们此章要谈的是：相对地球内部巨大的水量来说，种树不但不会带来地下水的减少，而且会有利于地球海平面的保持！

第八章　水土保持需要森林

森林的功效

我们知道森林可以释放氧气，吸收二氧化碳，一亩树林每天可以释放氧气49公斤，吸入67公斤二氧化碳。宝贵的氧气可以供给人类呼吸，是任何动物生存不可替代的必需品；二氧化碳的吸收则有助于避免地球过于变暖；我们还知道森林可以很好地阻挡风力，净化水质，从而带来地面的和煦，如果地球上到处都是森林就不会有沙尘暴；森林还可以生产大量的有机物，当这些有机物同风化的细小沙石进行混合时就会形成宝贵的土壤。同时，由于森林可以将大量的水分送上天空，从而带来空气的湿润，进而带来可贵的降雨。而当降雨足够之时就会形成水流，那些盐碱的湖泊就可以提高水位，碱盐的活动是有规律的，那就是随水而动，当盐碱地水位足够高时，盐碱水就会流向大

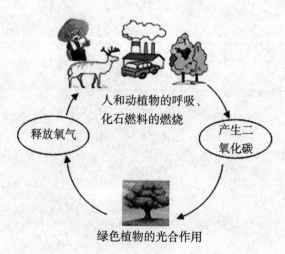

人和动植物的呼吸、化石燃料的燃烧

释放氧气

产生二氧化碳

绿色植物的光合作用

自然界中二氧化碳的循环过程

海，从而带来盐碱湖的淡化和盐碱地的消失。在上一章我们还探讨了种树实际上是从地下向地表抽水的一个过程，其一直在同地球的吸水相平衡，从而保护着我们的地表水总量。

实际上，森林除去之前谈到的有益内容之外，还有重要的作用就是保持水土和吸收雾霾。这两点就是本章和下章要讨论的主题。

原本的黄土高坡是一片森林

在我国黄河中上游地区，有平均海拔在 2000 米左右、世界上面积最大的黄土分布区，当今人们已经习惯地称之为"黄土高坡"。提起黄土高坡，给人们的印象是物产匮乏、土地贫瘠，当地人习惯住在窑洞，那里少有树木，黄沙滚滚漫天飞舞。我们的问题是，原本黄土高坡就是这个样子吗？答案绝对是否定的，因为如果一直都是这样，一百多

曾经是森林的黄土高坡

位皇帝就不会选择这片土地建立自己的都城。

我们知道，植物的孢粉被誉为活化石。那是由于植物的孢粉外壁坚固，能够在地层中长时间埋藏而不腐烂。无论孢粉飘落到哪里就会保存在哪里，孢粉的土壤保存年代甚至可以达到多少万年。专家们特意到黄土高原西部甘肃静宁县、秦安县、定西县等地采集黄土高原6个典型地质剖面的黄土标本，从中获得了700余块孢粉样本和209块表土孢粉样本，从对孢粉的分析来看，发现有松、云杉、冷杉、铁杉、栎、菊科等数十种植物孢粉的记录，专家通过对碳14的测量，在6个典型剖面中共测得年代34个。通过这些证据专家们认为黄土高原在最初的时候并不姓"黄"，之前这里原本就是成片的森林，中国的黄土高坡，原本是水草丰美的好地方。

黄土高坡的水蚀沟壑

如果你要看黄土高坡变脸之前的植被情况，你可以去下陕西的黄帝陵，那里由于人们的保护是森林片片。据研究表明，在中国的周王朝时期，黄土高坡有着很高的森林覆盖率，那时的黄土高坡基本没有什么沟壑。而到了秦代，由于森林的砍伐，黄土高坡开始由于水流的冲击产生了细微的水流沟。由于黄土的松软和植被的进一步消失，这些小沟逐渐变为了越来越深的大沟。在黄土高坡上，远望你能够看到一片大平原，但走到近前，你才会看到这片平原被几十米深的沟壑割裂成很多小块，人们都居住在沟中的房屋里，或在沟壁上凿出的窑洞中。很多人误以为在远古时期当地人就习惯住进冬暖夏凉的窑洞了，而实际上陕西省宝鸡市金台观张三丰元代窑洞遗址，是至今发现有文字记载的最早的窑洞，建于元代延祐元年（公元1344年），距今仅仅

沟壑纵横的黄图高原

600 多年。可见 600 多年前当地没有太多窑洞的原因也许是因为那时还没有那么多被水冲刷成的如此深沟。

在黄土高坡上有着众多被水流冲击出来的沟壑，而那些原本处于沟壑中的黄土都被水流带进了黄河，使原本清澈的黄河变为了黄色的泥浆之河。这就是水土流失。

黄河严重的水土流失

黄河年输沙量高达 16 亿吨，大量泥沙进入黄河，其沿途的沉积抬高了河床，淤塞了水库。目前黄河下游的河床已高出地面 3~10 米，成为一条名符其实的空中"悬河"，一旦遭到特大洪水的冲击，就有可能给下游造成严重灾难。现在，估计在流量超过每秒 2.23 万立方米的情况下，黄河就会有决堤危险。黄淮平原的各种建设有可能因此毁于一且，几千万人的生命安全受到严重影响。黄河干流上的三门峡水库，1958—1966年仅7年多时间内，库内泥沙淤积量就已经占到总库量的41.4%。其上游的盐锅峡水库，蓄水以后不到4年时间，其库容损失达到70%以上。据陕西省1973年统计，全省库容在100万立方米以上的192座水库，总库容为15亿立方米，而已经淤废4.7亿立方米，占总库容的31.6%。当今很多水库都失去了原有功能。

《2000年地球》主编、美国未来学家巴尔尼博士访华，看到了黄河滚滚泥沙时感慨地说，东流入海的，正是"中华民族的血液"。这番尖锐而又生动的话，不得不使我们警醒。尼罗河的含沙量为1千克每立方米就被认为是在流血，而黄河的含沙量竟达到37千克每立方米，这些土壤可以使中国多出多少良田。黄河流出的同样也是中华民族的血液。16亿吨的年输沙量，已经不是微血管的破裂，而是主动脉的出血。

黄河流域严重的水土流失

长江流域愈演愈烈的水土流失

长江现在的颜色越来越像黄河。

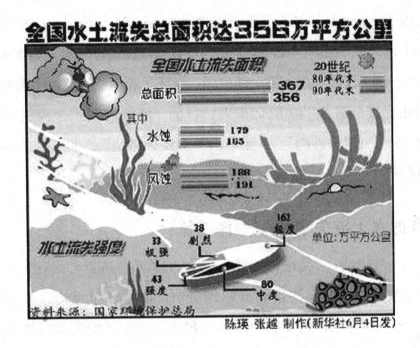

全国水土流失严重

长江流域原本是水利条件优越、自然资源丰富的地方，长江中下游发育着我国最大的淡水湖群。这些美丽的湖泊，容纳百川，调节洪峰，与长江形成了一个和谐的整体。长江流域的水土流失使这些湖泊面积缩小，寿命剧减。19世纪初，洞庭湖面积广达6000多平方千米。1949年以来，长江支流湘、资、沅、澧水系的含沙量大增，每年输入洞庭湖的泥沙达1.2至1.5亿吨，洞庭湖底普遍淤高1～3米，最深达7～9.2米，使洞庭湖的面积和湖容都缩减了一半以上，如此发展，不需要多少年洞庭湖就会从中华大地上消失。素有"千湖之省"美誉的湖北

— 137 —

省，经过40年的水土流失，湖泊面积仅仅为之前的1/3，湖面锐减达6000平方千米。由于水土流失，曾经是星罗棋布如散珠碎玉的长江中下游湖群，纷纷失去了它们那迷人的光泽，接连从华夏大地上消失。

据统计，长江流域的每年土壤总侵蚀量达24亿吨以上，相当于每年毁土地720万亩。仅长江上游每年输入长江的泥沙总量就达5.4亿～9亿吨。这不仅毁坏了土壤土地资源，破坏了农林业生产，严重的泥沙淤积还直接危害水利、航运事业。目前，流域内因水土流失已出现"红色沙漠"、"白沙岗"、"光石山"等侵蚀劣地。同时长江的某些河道也和黄河一样变为了"地上河"。

严重的水土流失现象——泥石流

有一句老话："跳进黄河洗不清"。的确黄河的含沙量在世界各大河中是最高的。根据陕县测量站的资料，黄河多年平均含沙量高达37.7千克/立方米，是长江大通站的65倍、闽江竹歧站的279倍。在网上搜索一下，你会发现1977年汛期的黄河含沙量最高，达到920千克/立方米。也许这个920千克/立方米的数字有误，因为从之前获得的概念中，当含沙量为每立方米1.5至1.8吨时，就已经被称为稀性泥石流了。泥石流是严重的水土流失现象。

我们知道：泥石流是一种在山地突然暴发的，饱含大量泥沙、石块的洪流，它会毁坏房屋、掩埋良田、断绝交通，并引发一系列自然灾害。地表岩石破碎、崩塌、滑坡等不良地质现象发育，为泥石流的形成提供了其中的固体物质来源。我国泥石流的水源主要是暴雨、长时间的连续降雨等。

泥石流是山地环境退化、地表水蚀作用加剧、大量水土和泥沙骤

长江源头水土流失面积不断增加

然流失的产物。我们知道黄土高原经常会有泥石流的产生，但我们不敢想象的是长江三峡工程库区竟然也会有泥石流沟 271 条，且活动有进一步加剧的趋势，从其发展趋势看，将直接影响三峡库区的直接库容和航运畅通。

水蚀的主要原因是森林的砍伐

我们知道，在有较好植被保护的土地上，受雨水侵蚀每年每公顷土地流失的泥沙不过 0.05 吨（有林）～2.22 吨（无林），这样的侵蚀速度基本可以由岩石风化所补偿。唐守正在研究"中国森林资源及其对环境的影响"后指出，我国长江、黄河、珠江三大流域森林覆盖率分别为 22%、8.5%、26.7%，年平均土壤侵蚀模数分别为每平方千米 512 吨、3700 吨、190 吨，从中可以看出森林对防止水土流失的宏观作用。对于小地域来讲，森林的防止水蚀的作用更明显。可以说森林的"自然化"程度越高，保土能力就越强。

之所以长江流域也产生了泥石流，那是因为：近百年来，长江的生态平衡被严重破坏，森林覆盖率大大下降。仅四川的六大水系都是泥水俱下，每年输沙量就达到 3.2512 亿吨。研究表明，长江含沙量的不断增加，与长江上游森林的砍伐有关。据测算，每采伐 1 立方米木材，就会每年增加 0.4 吨输沙量。在长江上游，掠夺性的砍伐使森林植被大片大片消失，森林覆盖率已由 20 世纪 50 年代初的 40% 减到 20%（有的资料为 10%），跟森林面积减少一半相对应的是，水土流失面积增加了一倍，达 73.94 万平方千米，占了流域总面积的 41%。

被砍伐的森林

保持水土一定要杜绝斜坡田

我们知道长江中上游流域，地形复杂，坡陡山高。很多坡地由于植被的缺乏及坡度带来的更加快速的水流，导致水土流失严重。在未翻耕的植被覆盖度为0.6、坡度为22度的坡地上土壤流失量增加5倍以上，植被覆盖度为0.3时，在33度未翻耕坡地上土壤流失量增加50倍以上。

倾斜的山坡田

长江流域目前平均人口密度很高。流域范围内人均占有耕地不足0.9亩，仅为全国平均水平的3/5，是世界人均水平的1/5。由于人多地少，为了解决吃饭的问题，一些地方的人们种起了斜坡田。我们知道斜坡田同梯田是不一样的，梯田是像一个个大台阶一样，每一级都是平的，有些雨水还会积蓄在这个平面上，而斜坡田却是在坡上直接进行种植，一旦下雨，马上就会带来土壤的丧失。本来坡地就容易带来水土流失，为了防止与种植的作物争水争肥，农民们往往还会除去斜坡田周围的其他植物。同时，为了消灭杂草和虫害，并使土壤疏松以保持水分，通常都要进行翻耕。翻耕的结果是使土壤完全松散裸露。当雨水降落时，这些松散的土壤更加容易受到雨滴的冲击，产生比一般坡地还要严重几倍、几十倍的土壤流失。

要想防止水土流失，在保护植被、种植树木的同时我们还要坚决拒绝斜坡田。

森林能够大幅减少水蚀危害的原因

有些朋友可能会问起：树林是如何保持水土的？实际上，树木对减少水蚀的作用主要体现在以下4个方面：

首先是植被通过冠层拦截降雨，植被的地上部分常呈多层重叠遮蔽地面，并具有一定的弹性和开张角，能承接、分散和削弱雨滴及雨滴能量，截留的雨滴汇集后又会沿枝干缓缓流落或滴落地面，改变了降雨落地的方式，减小了林下降雨强度和降雨量，保护地面免受雨滴的直接打击，并增加土壤入渗时间，利于水分下渗。

其次，森林、草地中常常有一层枯枝落叶，具有很强的涵蓄水分的能力，同时也可改变土壤特性，提高土壤渗透能力，从而影响径流形成或减少径流量，延长径流时间，减缓径流流速，起到调节径流的作用。

再次，植被有助于固结土体。植物根系对土壤有很好的穿插、缠绕、固结作用，能把根系周围的土体紧紧固持起来，增大抗蚀性和抗冲性，减少了土壤冲刷。

最后，植被可以通过改良土壤性状来减少水蚀。植被可以增加土壤腐殖层含量，促进成土过程，增加土壤团聚性，改善土壤结构，从而提高土壤抗蚀性和抗冲性。

建森林就是建防洪水库

在 1981 年四川发生特大洪水期间，我们发现少林和多林地区所受的损失大不一样。资中县的鱼溪区降雨 259 毫米，比相邻的水南区还多 4 毫米。但是，前者森林覆盖率为 24.8%，后者为 1.9%。水南区由于大雨一来，无遮无拦，洪水横行肆虐，淹没农田 4.3 万亩，冲垮房屋 1.5 万间，其损失要比鱼溪区大得多，其中对比充分显示了森林对保护水土的重大作用。

绝大多数的洪水，都是通过集水区汇集而成的，而广泛分布的森林，能够通过它的多方面的特有功能，拦蓄降水，同时也能净化水质。森林具有强大的截留、吸收和下渗的功能，可以对降水进行再分配，减少无效水，增加有效水。一片良好的林地，实际上就是一块巨大的海绵体，它的吞水能力是相当惊人的。森林的综合削洪能力 70～270 毫

森林能很好的涵养水源

米，这大大高于日降雨量大于50毫米的暴雨标准。就是说，一场50多毫米的暴雨，森林可轻而易举地吞下去。从而起到削滞洪水的作用。北京林业大学对广西大鸣山、北京山区的同类研究表明，林地平均蓄水量468.8吨/公顷，比荒地多蓄263.7吨。如此看来，造5万亩林，就相当于修建一座库容为100万立方米的水库，故有民间谚语"山上栽满树，等于修水库"。

当今急迫的水土保持要求

水土流失是当前整个世界面临的普遍而严重的问题。在美国，水土流失每年丧失表土30亿吨；原苏联有1.5亿公顷土地和1.3亿公顷饲料地受到水蚀，每年流失的氮磷等土壤养分多达7亿吨；南美的哥伦比亚一个小国每年冲走的沃土就有4亿吨；埃塞俄比亚则每年损失10亿吨；印度流失量更惊人，每年损失60亿吨。

水土是人类赖以生存的基础，只有水土才能满足人类的最基本需要。我们知道土壤的形成非常缓慢，几个世纪才形成一寸厚的表土层，这些脆弱的表土层一旦流失，就很难恢复。同时，严重的水土流失使土壤有机质大量损失，破坏了作物赖以生存的物质基础。山东省不少山丘地区，水土流失已使一些地方出现大片大片的石板区，寸草不生。四川一些县，每年剥蚀表土厚度0.5~16厘米，使许多地方岩石裸露，变成光山秃岭。对人口众多的中国来说，保护土壤尤为重要。整个长江流域的土壤现在以至少每年24亿吨的速度流失，照这样的速度发展下去，300年后，整个长江流域就将土枯岩裸、山穷水尽。可以说，如何保护植被、种植森林，是关系到使每一寸土地不再流失的国家安全的大问题。

第九章　对抗雾霾实际不难

当今的雾霾现象

2014 年 1 月 13 日，我国中东部地区持续遭遇雾霾天气影响，北京市气象台发布北京气象史上首个霾橙色预警，北京已连续 3 天空气质量达严重污染中的"最高级"——六级污染。从全国城市空气质量实时发布平台来看，一条深褐色的"污染带"由东北往中部斜向穿越我国大部分地区，其中深褐色点位最密集的是京津冀地区。

在这场遍及全国的雾霾过程中，北京市污染尤为严重。全市普遍长时间达到极重污染程度，即最高的污染级别。从 PM2.5 实时浓度看，入夜后部分站点最高时甚至超过 900 微克/立方米。这种可长驱直入人

雾　霾

体肺泡的污染物质浓度高得可以用"触目惊心"来形容。事实上，雾霾天气持续，空气质量下降，并不是今年的新现象。这几年，每到秋冬特别是入冬以后，我国中东部地区不时会遇到这样的情况。

雾霾天气影响着我们的生活质量，很多行人外出都带上了口罩。此前有媒体称北京雾霾为"末日空气"，雾霾成为了大家的热点话题，到底雾霾是什么，形成原因是怎么样的？我们对雾霾现象到底应该如何治理呢？

霾同雾的区别

"雾"和"霾"尽管都是视程障碍物，但它们是有区别的。首先是二者的形成原因和条件有很大的差别。雾是浮游在空中的大量微小水滴或冰晶，形成条件要具备较高的水汽饱和因素。雾随着空气湿度的增大而出现，早晚较常见或加浓，白天相对减轻甚至会消失。出现雾时有效水平能见度小于 1 千米。当有效水平能见度 1 – 10 千米时称为轻雾。就其物理本质而言，雾与云都是空气中水汽凝结（或凝华）的产物，雾升高离开地面就成为云，而云降低到地面或云移动到高山时就称其为雾。一般雾的厚度比较小，常见的辐射雾的厚度大约从几十米到一至两百米左右。雾和云一样，与晴空区之间有明显的边界，雾滴浓度分布不均匀，而且平均直径大约在 10 – 20 微米左右的雾滴的大小相差也是比较大的，可以从几微米到 100 微米。由于液态水或冰晶组成的雾散射的光与波长关系不大，因而肉眼看起来雾呈乳白色或青白色。

"霾"也称灰霾。空气中的灰尘、硫酸、硝酸、有机碳氢化合物等粒子也能使大气混浊，视野模糊并导致能见度恶化，如果水平能见度小于 10 千米时，我们将这种非纯水成物组成的视程障碍物称为"霾"（Haze）或"灰霾"（Dust - haze），香港天文台称其为"烟霞"。

雾和霾形成之时的相对湿度完全不同

由于雾和霾都是因大量极微细的颗粒浮游在空中而导致有效水平能见度小于 10 千米的现象，因此都会使人的视程受到影响。对于阴霾、轻雾、沙尘暴、扬沙、浮尘、烟雾等天气现象，有时即使是气象专业人员也难于区分。

我们知道，出现雾时空气相对湿度可能接近 100%。正是因为很高的空气湿度，众多的水分子拥挤在了一起，从而导致了水分子的凝结。出现雾时我们会感到空气潮湿，而出现霾时空气则相对干燥。从雾中走来的人有时头发都会变湿；但出现霾的时候，我们会感到空气是干燥的，霾出现的很多时候，空气相对湿度通常在 60% 以下。

可以说，如果是单纯的固态微小颗粒带来的视程受阻我们也许会很容易辨别出来，如沙尘会导致天空一片暗黄。但我们今天看到的霾却是和雾差不多的样态，这种样态在告诉我们霾的产生也同空气中水汽的凝结有关。而水汽的凝结需要很大的相对湿度，那么为什么在相对湿度较小的时候也会产生水汽的凝结呢？

相对湿度低也会产生凝结的原因

记得上中学时候老师给大家做的一个实验，老师在一个苹果上方挖出一个锥形的洞，洞里面放上一半的清水，第二天我们发现清水没有了，其被苹果吸附了；而当我们同样第二天在这个洞中放上浓度较大的一半盐水，我们会发现再过一天，整个锥型洞中都会充满了水。

这个实验告诉了我们水具有从低浓度向高浓度扩散的特性。

实际上在空气中如果具有可与水分子结合的固体微尘或者气体时，几个空气中的水分子马上就会同这些物质结合，这种结合就会形成一个尽管细微到肉眼看不见但却是高浓度的液态物质。我们知道正是因为水分具有从低浓度地方向高浓度地方转移的特性，因此当这个局部浓度很大的液态颗粒产生之后，就会产生出强大的对周围的水分子的吸附力，也就是说周围的水分子尽管没有那么大的相对湿度，也会被这个液态颗粒所吸附以降低这个颗粒的内在浓度。而当这个液态颗粒吸附到较多水分子，从而使这个颗粒的浓度降到足够低，不足以继续拉动周围水分子进入的时候，这个颗粒已经变为了较大的会影响人们视程的物质。而当这种颗粒足够多时，我们看到的就是霾。

人们对雾霾的担心在于其对健康的影响

人们对雾霾的担心不仅在于雾霾天气使整个环境一片昏暗，而更是源于其可能带来的对人体健康的破坏。为此，很多人在雾霾的天气里面选择足不出户。但实际上像 PM2.5 这样微小的物质是无孔不入的，在房间里面甚至用空气净化机都不能将其过滤掉。室内有雾霾可以释放到室外，室外的雾霾我们却无法阻止其进入室内。专家们说，雾霾中的微细颗粒可以在人们毫无防范的时候侵入到人体呼吸道和肺叶中，继而引起呼吸系统、心血管系统、血液系统、生殖系统等疾病。较为直接的诸如咽喉炎、肺气肿、哮喘、鼻炎、支气管炎等炎症就是雾霾污染的结果。长期处于雾霾环境还会诱发肺癌、心肌缺血及损伤。

实际上，多数人不知道自己多年来一直受到雾霾的影响，这是因为雾霾并不仅仅在室外，居室之内也会产生雾霾。如家庭烹饪时油炸食物产生的油烟，其 PM2.5 最高峰值可超标 58 倍。除此之外，家装家具释放的有害气体、人体活动带来的扬尘等都是室内空气污染的重要来源。更有一个室内雾霾的来源就是吸烟。有一种理论认为"阴霾天气比香烟更加易致癌"。

吸烟者告诉我们固体颗粒并不可怕

据中国疾控中心控烟办公室李强博士介绍，在一个宽 5 米、长 7 米、高 3.5 米的房间里，找一个人吸了三支烟，当吸第一支烟的时候，室内 PM2.5 浓度为 80 微克/立方米，当吸第三支烟时，PM2.5 浓度就达到了 600 微克/立方米。中国康复研究中心呼吸内科主任赵红梅在接受中新网视频访谈时表示，一个人在 PM2.5 值达到了 670 微克/立方米的情况下呼吸一天，就相当于抽了一支烟。人平均每天呼吸的空气量约为 1 万升，如果是很严重的雾霾天，那么此人相当于处在不停吸烟的状态。赵红梅最后又强调，雾霾对人们的影响当然远远不及直接抽烟那么大。

的确，有些烟民每天抽上几包烟，他们接受的 PM2.5 的污染是普通人的几十倍甚至几百倍。但很多烟民却很长寿，像张学良这位老烟民就活到了 103 岁。实际上，烟民们接受的烟雾包括固体成分和气体成分，其中很少的如二氧化硫这样的有害气体成分由于身体不接受马上就被呼出体外了，留下的细微固体成分尽管使肺泡变色，但由于人体有非常强的自我调节作用而并没有对健康产生影响。事实告诉我们雾霾中的固体颗粒并不可怕。

可怕的是能够产生强酸的气体

中国工程院院士、广州呼吸疾病研究所所长钟南山曾在某个论坛上说到，近30年来，我国公众吸烟率不断下降，但肺癌患病率却上升了4倍多。这可能与雾霾天增加有一定的关系。如果说肺癌上升的主要原因除了吸烟产生的微细固体颗粒的话，那么，到底还有什么其他原因呢？

我们知道，物质在燃烧中会释放二氧化硫、一氧化氮等气体。本来这些气体就如同二氧化碳一样是人不会直接吸收的。但是在紫外线和大气中水分的作用下，二氧化硫可以与水分子结合，成为亚硫酸（$SO_2 + H_2O = H_2SO_3$），亚硫酸又会同氧原子结合形成硫酸（$2H_2SO_3 + O_2 = 2H_2SO_4$），并将氧气转变为臭氧。而这个硫酸分子会因为其很大的酸性浓度，而吸引周围空气中的水分子。于是，以这个硫酸分子为核心的小液滴开始形成了，并同雾一样影响了人们的视距。而此刻，由于相对湿度没有达到100%，正常的水分子不会产生凝结。这时空气中

韩国首尔雾霾天降酸雪 酸度相当于葡萄酒

水分的集聚实际上都是对二氧化硫产生的硫酸和一氧化氮产生的硝酸的一种稀释。人们经常吸入包含强酸的气体自然会导致肺癌患病率上升。

空中强酸带来的酸雨

雾霾的凝结是在相对湿度较小的时候就可以产生的，而当空气中的相对湿度足够大，形成自然降雨的时候，这些浮游在空气中的小小硫酸和硝酸会随着雨滴落下，这样的雨滴就是酸雨。酸雨是指 PH 值小于 5.65 的酸性降水，之所以称为酸雨就是因为其大量含有多种无机酸和有机酸，其中最主要的就是二氧化硫演变的硫酸和一氧化氮产生的硝酸。

酸雨造成植被大面积死亡

由于大气污染是不分国界的，所以酸雨是全球性的灾害。目前，世界上已形成了三大酸雨区，第一是以德、法、英等国家为中心，涉及大半个欧洲的北欧酸雨区。第二是 50 年代后期形成的包括美国和加拿大在内的北美酸雨区。这两个酸雨区的总面积达到 1000 多万平方千米，降水的 PH 小于 5.0，有的甚至小于 4.0。中国在 20 世纪 70 年代中期开始形成的覆盖四川、贵州、广东、广西、湖南、湖北、江西、浙江、江苏和青岛等省市部分地区，面积为 200 万平方千米的酸雨区是世界第三大酸雨区。中国酸雨区面积逐年扩大，近年来，我国一些地区已经成为酸雨多发区，其发展扩大之快，降水酸化程度之高，在世界上也是罕见的。

造成中国雾霾最大的罪魁就是二氧化硫

中国现在严重的雾霾现象，有固体颗粒物带来的空气污染，如微小的尘埃以及如垃圾焚烧带来的多环芳烃等等；也有较大浓度的地面臭氧带来的问题；但其中最让人们担心的还是由二氧化硫和一氧化氮产生的硫酸雾气和硝酸雾气。

经测定，中国的酸雨主要是硫酸型酸雨，这是大量的硫酸雾气伴

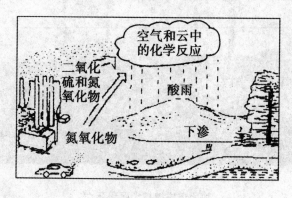

酸雨的形成

随着雨滴降落地面的结果。这个事实说明了二氧化硫是造成中国雾霾的最大罪魁。大气无国界，防治酸性气体是一个国际性的环境问题，这不是一个国家可以单独解决的，必须多国共同采取对策。二氧化硫是人为排放的结果，因此如何减少硫氧化物的排放量是国际上非常重视的问题。经过多次协商，1979 年 11 月在日内瓦举行的联合国欧洲经济委员会的环境部长会议上，通过了《控制长距离越境空气污染公约》，并于 1983 年生效。《公约》规定，到 1993 年底，缔约国必须把二氧化硫排放量削减为 1980 年排放量的 70%。对此要求，很多国家都在积极采取措施进行减排，如当年加拿大就计划将二氧化硫排放量由 1983 年的 470 万吨/年，减少到 1994 年的 230 万吨/年。中国也是紧锣密鼓地采取措施对二氧化硫进行减排。

中国二氧化硫主要来源于烧煤

在这里可能要做一下简单的科普，那就是中国的二氧化硫到底是从哪里来的。

我们知道，中国是世界上煤炭的生产和消费量最大的国家，拥有超过 35 亿吨的年产量和使用量。中国的工业发电和炼钢主要依靠煤炭，中国居民的取暖、做饭也主要使用煤炭。而我们知道由于煤炭中含有 1% 左右的硫，当煤炭燃烧之时，混杂在煤炭中的硫元素也一起燃烧成为二氧化硫。煤炭的燃烧成为了二氧化硫产生的主要原因，正因为中国煤炭使用量巨大，因而带来的二氧化硫的污染也较多。

最近几年，基于中国经济的较快发展速度，用煤量一直呈现进一步增大的趋势，带来的二氧化硫的排放量也相应增大。另外一个坏消息就是：山西优质无烟煤由于多年的开采，产量已经在不断减少，我

烧煤会排放大量二氧化硫

们现在很多地方用的都是内蒙古的煤炭资源，而内蒙古的煤炭很多都是露天煤，比起山西的优质煤来说拥有更高的含硫量，这样自然会让空气中的二氧化硫浓度进一步增加。同时煤炭在生产使用和运输中都会产生有害粉尘，这也会加大雾霾现象。因此很多学者提出了通过少用煤炭来解决二氧化硫和雾霾问题的建议。

当今我们治理雾霾的办法主要是减排

为了更好地净化空气，我们中国正在努力进行减排。

我们关闭了河北的一些小型钢铁厂，直接减少了煤炭的使用。我们应用原煤脱硫技术，这样可以除去燃煤中大约 40% ~ 60% 的无机硫。同时我们改进燃煤技术，从而减少燃煤过程中二氧化硫和一氧化氮的排放量。例如，液态化燃煤技术是受到各国欢迎的新技术之一。它主

要是利用加进石灰石和白云石，与二氧化硫发生反应，产生出无害的硫酸钙随灰渣排出。再次，我们对煤燃烧后形成的烟气在排放进大气中之前进行脱硫。目前用的石灰法，就可以除去烟气中 85%～90% 的二氧化硫气体。不过，这样的方法脱硫效果虽好但十分费钱。我们在火力发电厂安装烟气脱硫装置的费用，要超过电厂总投资的 25% 之多。同时我们目前也不可能在所有廉价的民用煤炉上装备昂贵的脱硫设备，这也是治理二氧化硫排放的主要困难之一。

尽管中国政府采取了很多减排措施，但我们看到的实际情况却是伴随着经济的发展，二氧化硫的排放量还是在不断上升，中国雾霾的情况越来越严重。

中国无法通过大量削减燃煤来减少雾霾

报告数据显示，中国的燃煤产生了空气中 82% 的二氧化硫和 47% 的氮氧化物。如果说雾霾的最大罪魁是二氧化硫，而二氧化硫主要是通过煤的燃烧而产生的话，我们是否可以用其他能源来代替煤炭？

在能源替代方面人们首先想到的就是石油。但实际上石油的燃烧也是会产生二氧化硫，只是石油中硫的含量相对较低而已，而且石油的燃烧本身也会产生大量的可以形成硝酸的氮氧化合物。其次是用含硫较低的天然气替代煤炭，而天然气在中国的储量有限，在没有铺设好管道之前从国外的进口会受到运输瓶颈的制约。再次是核能，而对此如果使用也担心会造成新污染。当然，最好是能够利用太阳能和风能了，而太阳能和风能技术目前还不够成熟。

关键是我们这个人口大国、生产大国所需的能源量在不断扩大，但是中国现在没有可以替代燃煤的其他能源。我们在努力减排，但我们也需要取暖，也需要工业生产，我们不能为了减排而完全不排。除去减排之外，我们到底有没有其他更好的办法来治理雾霾？

美国洛杉矶近 70 年治霾的启示

实际上，雾霾并不是中国独有的现象，空气污染在很多国家都存在，其中最为典型的就是美国洛杉矶的雾霾了。

洛杉矶是美国的工业城市，从 20 世纪初就饱受大气污染的困扰。早在 1943 年，洛杉矶就发现化学烟雾几天不散的严重污染。此后七八年，每年 5 月至 10 月期间经常出现类似的情况。污染情况如此严重，以至于洛杉矶道奇球场（Dodger Stadium）的客队球员需要氧气罐才能够完成比赛。对此，洛杉矶人坐不住了，最先站出来的是洛杉矶当地最大的媒体《洛杉矶时报》，他们雇用了一位空气污染专家就当地的雾霾展开调查，专家得出的结论是空气中的污染物大部分来自汽车尾气中没有燃烧完全的汽油，只有小部分来自工厂的废气以及焚烧炉。

为了治理雾霾，洛杉矶人采用的方法是减排，他们在努力改变车用油料品质的同时要求汽车上安装催化式排气净化器，他们还严格立

少树的洛杉矶

法禁止更多的排放。经过人们的努力，洛杉矶的空气质量得到了部分改善，但据 2006 年 4 月 4 日美国联邦环保署公布的一项全国空气品质黑名单上看，如果以地区而言，洛杉矶的空气品质还是最糟，致癌率仍然为全美之冠。

洛杉矶与其他城市的不同之处

　　如果从汽车尾气排放的角度来说，美国洛杉矶的排放量不会比其他城市多。如包括郊区在内的大纽约市现有人口 1900 多万，比起洛杉矶的不到 460 万人口，纽约无论从总量和密度上都要大大超过洛杉矶。相形之下，纽约的汽车尾气的排放量也应该大于洛杉矶才对。但为什么纽约的空气质量却比洛杉矶好？洛杉矶有什么特殊的地方吗？

实际上，去过洛杉矶的人们都会发现，洛杉矶位于美国西南部，气候温和。全年阳光明媚，温度极少在零度以下，因此降雪的机率极小。洛杉矶常年的风向为西南风和西风，而其西南方向就是那浩瀚的太平洋，西南风和西风带来的是富含水分的空气。尽管有如此好的条件，洛杉矶却是终年干燥少雨，降水量少得可怜。洛杉矶的年均降水量为 384 毫米，以冬雨为主。而 2007 年是洛杉矶有气象记录以来最干旱的年份，全年洛杉矶的降雨量仅为 81.5 毫米。而纽约的年均降水量却接近洛杉矶的年均降水量的 3 倍，达到 1056.4 毫米。

比起美国其他城市，洛杉矶的特点就是少雨，正因如此拍摄电影用的布景就不易淋坏，世界著名的好莱坞才会搬到洛杉矶。

洛杉矶雾霾的原因在于少有降雨

2014 年初，北京连续 6 天严重雾霾之后，曾经下了一场小雪，这是北京 2014 年冬季中惟一的一场雪，尽管雪下得不大，但小雪之后空气马上就变得清新了，空中的雾霾情况立即得到了缓解，人们开始摘下口罩，野外晨练的人们也增多了。相信如果北京没有降下那场小雪，空中的雾霾粒子还会继续在天空中漂浮，严重的雾霾天气还会继续下去。

之所以降水之后会马上减轻雾霾现象，那是因为空气中的固态颗粒物和液态酸性水雾融入了雨雪而降落地面的结果。洛杉矶有限的雨量主要集中在冬季，因此，在冬季洛杉矶的雾霾情况相对就不那么严重，洛杉矶严重雾霾天气出现在每年少雨的 5~10 月。有人说，中国冬季雾霾更加严重的原因主要是因为冬天取暖要消耗比秋季更多的煤炭。

但实际上，我们在夏天要取电维持空调的运转，而且在夏天用于发电而燃烧的煤炭并不比在冬天少。但雾霾在冬季更为严重的原因在于中国冬季的降水量要大大少于其他季节。

通过增大降雨量就可较有效地治理雾霾

当我们知道了降雨可以降低雾霾的时候，我们自然可以知道为何美国纽约市的雾霾会大大轻于洛杉矶。不是因为其他地方的排放低，而是因为其他地方有较大的降雨量。当然，那些融合了大量粉尘、硫酸和硝酸的雨水也会带来酸雨的污染，美国各地严重的酸雨情况，就是将空中的雾霾带到了地面的事实证明。

要想减轻雾霾，最简单的方法就是在需要的时候实施人工降雨，但这样的方式是治标不治本。通过前面章节的分析，我们知道增大降雨量的最根本的办法还是增加地面条件，通过增多地表植被，以及地表植被的蒸发带来降雨。也就是说要在地表大力种植蒸发量大的乔木。但到洛杉矶之后我们发现洛杉矶的绿化情况尽管有了一些改善，但周围很多山还是秃的，这样差的地面条件自然不会带来太多的降雨。

据美国的一位朋友讲，当今洛杉矶市政府还在号召人们砍树。当地的官员们一直认为树木造成洛杉矶地下水的丧失，他们还没有建立树木是从地表取水而不会带来地下水位下降的正确生态观。他们不知道建设森林是解决洛杉矶雾霾问题的最好方法。

森林对雾霾中固体颗粒物的吸附

对于雾霾中的固体颗粒物来说，森林有明显的阻滞、过滤和吸附作用，从而减轻大气的污染。

树叶表面有许多细小的绒毛

森林绿地之所以可以减少雾霾中的固体颗粒物，主要来自于树叶的力量。由于叶子表面不平，多绒毛，有的还能分泌黏性油脂或汁液，能起到过滤作用，空气中的尘埃经过树木，便附着于叶面及枝干的下凹部分。我们可以发现在很多水泥厂或其他扬尘地，大量的粉尘会包裹在树木叶子之上，将原本绿色的叶子变为了白色。但大家放心，只要经过雨水冲洗，那些被包裹的粉尘就会被雨水带离叶面，树木又能恢复其吸尘的能力。据测算，那些高大的林木的树叶面积的总和可比其占地面积大 75 倍。由于树木叶子总面积很大，因此树木具有非常强的吸滞粉尘的能力。据我国对一般工业区的初步测定，空气中固体颗粒物的浓度，绿化区比非绿化区减少 10% ~ 50%。科学测试表明，一亩树林一年可吸收空气中的固体颗粒物 20 吨 ~ 60 吨。

还需说明的一点就是：树木对固体颗粒物的吸附、阻滞作用在不同季节有所不同。相对来说，冬季叶量少，夏季叶量最多，因此植物冬天时段吸附固体颗粒物的能力比其他季节差。但即使在树木落叶期间，其枝干和树皮也都有吸附作用，能减少18%～20%的空气含尘量。

森林可以吸附二氧化硫等有害气体

除去带来降雨、吸收雾霾中的固体颗粒物之外，树木还能够吸收一定数量的有害气体，如二氧化硫、氟化氢、氯、一氧化氮、氨、臭氧、乙烯、苯、醛、酮、汞蒸气等，从而降低空气中有害气体的浓度。据测定，一亩树林一个月就可吸收雾霾中的罪魁二氧化硫4公斤。

像二氧化硫这样的有害气体被树木吸收之后，树木就会直接对其中一部分进行利用，这是因为树木的生长本身也需要硫元素的支持，另外大部分硫则以无机态的硫酸盐形式在树体内积累起来。同时其他一些污染物质也储存在树木里面。我们都知道树木的年轮，当大气受到污染时，有害的气体被周围树木吸收后，这些污染物（例如汞蒸气

硫化氢、氟化氢）就会输送到年轮里积累起来。我们通过光谱分析，就可以探知到年轮里储存的这些污染物质。

经研究，森林中的植物还能杀死空气中部分有害病菌。据调查，在干燥无林的地方，每立方米空气中会含有 400 万个病菌，在林荫道处只含 60 万个，而在森林中则变为只有几十个了。

认为应该砍树加大风力的怪论

如今北京的雾霾越来越严重，一些朋友认为是因为风力还不够大，因此他们给出的药方是通过砍树来增强风力，这样流动的风就会将雾霾带走。

的确，以二氧化硫为主的 PM2.5，由于其颗粒很小，因此具有远距离传输的特性。风大了，是能够将本地的雾霾吹到外面去。但问题是相对的，一方面较大的风可以将本地的污染物吹向他方，但另一方面也会将其他地方的污染物吹到北京。像北京前几年较大的沙尘暴都是由大风带来的，北京不少二氧化硫污染也同周边省份有很大关系。

之所以开出砍树治理雾霾的药方，那是因为我们都知道森林有很好的挡风效果，透风适中的防风林一般可降低地表风速30%以上。实际上，林带只能降低树高的 20 多倍地表距离的风速，并不会对树梢上方几百米的风速产生影响。砍树只能对地面的风进行加速，但对于空中的大风来说，即使前面有一座小山，也不会对其风力产生多大阻挡。砍树促风是个歪招，因为其在不能对较高高度的风力产生影响的同时，却能进一步加大中国风蚀荒漠化。中国大部分荒漠化土地都是由于失去植被之后风力对地表的侵蚀。

治疗雾霾实际不难

现在我们知道了，治疗雾霾实际上不难，在雾霾天气只要采取人工降雨就可以增大空气的清澈度，减轻雾霾带来的影响。但这是治标不治本的办法，因为这种方法是将空气中的污染带到了地面。

针对雾霾我们治本的方法就是植树造林。有人说，地球上每年降尘量是惊人的，中国许多工业城市每年每平方千米降尘量平均为500吨左右，某些工业十分集中的城市甚至高达1000吨以上。按照一亩树林每年只吸收10吨尘埃这个低限来看，这1000吨实际上只需我们在一平方千米的土地上建造100亩树林就会将其吸附掉。还有人说，中国二氧化硫的排量将会超过惊人的每年3000万吨。实际上，每亩树林一年可以吸收50公斤二氧化硫，一平方千米的森林可以吸收75吨，如此计算，我们只要新建立40万平方千米的绿化面积就会将这3000万吨二氧化硫完全吸收掉。

建造森林不仅可以带来降雨从而减轻雾霾，而且可以直接吸附固体颗粒物和二氧化硫等有害气体，这才是针对雾霾治本的方法！

第十章　恢复中华大地的壮美

南水北调西线工程的设想

　　为了恢复中华大地的壮美，针对中国北方极其缺水的情况，中国政府希望投资将水从富水的长江流域引到水量贫瘠的黄河流域及整个北方地区。自 1952 年以来政府就开始组织考察队，40 多年来做了大量勘测和规划研究工作。1987 年国家计委将西线调水工程列为超前期工作项目，据对通天河、雅砻江、大渡河三条河引水方案的规划研究，从三条河年最大可调水量约为 200 亿立方米。这就是著名的南水北调西线工程。

　　专家们是这样计划的，由于黄河流域现状供需缺口较大，黄河以其占全国河川径流仅仅 2% 的有限水量，承担着其流域和下游地区约占

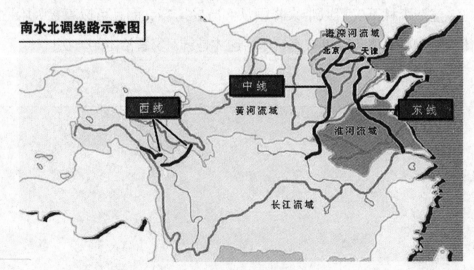

南水北调线路示意图

全国 15% 耕地面积和 12% 人口的供水任务，如果从长江流域直接调水直接进入黄河，就可以缓解黄河流域的缺水状况。专家们另外的一种思考就是直接将水引入青海的柴达木盆地，由于柴达木盆地的海拔在 2600~3100 米之间，因此其中的水资源可以较为方便地流向海拔较低的甘肃河西走廊和新疆罗布泊地区。同时实施后由于柴达木与塔里木盆地水量的增加会增大当地的蒸发量，从而也可带来更好的地面条件，带来更多的降水。

至今西线工程没有实施的原因

当人们说到南水北调西线工程，就会认为是一个大的无法完成的巨大水利工程。的确，黄河与长江之间有高耸的巴颜喀拉山阻隔，黄河河床高于长江相应河床 80~450 米。调水工程需用泵站提水，并要修建高 200 米左右的高坝蓄水及开挖 100 千米以上的长隧洞穿过巴颜喀拉山。由于西线工程地处青藏高原，这里又是我国地质构造最复杂的地区之一，地震烈度大都在 6~7 度，局部 8~9 度，再加上青藏高原海拔 3000~5000 米，在此高寒地区光是冻土层问题就不好解决。这个方案施工技术难度高，施工环境困难。

除了技术难题之外，也有安全方面的考虑。200 多米的高坝修建成功之后，会形成一个面积超出三峡水库，可完全进行年调节的特大水库，成为真正意义上的中国大水塔。尽管这个大水塔极有利于进一步向黄河、青海和新疆输水，但也是悬在中国经济最发达的长江流域人们头上的一把利剑，一旦被破坏，洪水就会给中国人民的生存带来根本性威胁。

南水北调西线没能实施还出于其他方面的考虑。水调走了，当地的水量就会减少，发电的效益就会转移，如何进行生态补偿和效益补偿都是很复杂的问题。

青海绿化对全国的重要性

出于安全性和施工难度方面的考虑，还有些专家提出了先向青海柴达木盆地引水的方案。柴达木盆地位于青海省，是青藏高原北部边缘的一个巨大山间盆地，还包括北部的青海湖、哈拉湖、共和等小型盆地，面积达 30 万平方千米。通过考察，专家们发现，这 30 万平方千米在远古时期本来就是一个大湖泊。

柴达木盆地海拔高，其盆地底部海拔高度为 2675～3000 米，大大高于旁边的罗布泊不到一千米的海拔高度，青海湖的水位比起距离 100 多千米远的黄河也要高出 100 多米。如果柴达木盆地能够重新蓄上水分，则可以很顺便地自流到塔里木盆地、甘肃河西走廊等干旱地区。同时从安全上来说，柴达木盆地西、北、南面为高大的阿尔金山、祁连山和昆仑山地。柴达木盆地原本就是大自然赋予的一座非常安全的大水塔，东面 100 多千米的山脉就像一座大坝一样将其与黄河隔离开，这样的天然大坝可以抵御任何攻击而不会带来溃决。

专家们说，如果一期工程只调 70 亿方水到柴达木盆地，那么这一工程就简单得多，其工程量甚至比三峡工程都小得多。一旦引水成功，就可以带来青藏高原的乳汁向各方的流淌。

完全可以通过绿化代替西线工程

非常赞同专家们的引水到柴达木盆地的策划。但南水北调不应该是一个头痛医头、脚痛医脚、为调水而调水的简单的调水工程。引水的方式能否可以多种渠道？

我们在前面章节谈到了，真正的南水北调是靠绿化调水，同时由于树木是从地表取水，所以不会带来地下水的丧失。我们在此可以计算一下一亩树林的抽水量（蒸发量）。地球表面的降雨量达到年平均1000毫米左右，因为蒸发量等于降雨量，所以地表的蒸发量也应该是年平均1000毫米，1平方米的蒸发量就是1吨。1亩的面积是667平方米，1亩树林可以蒸发667吨的水分到天空中，1平方千米为1百万平方米，则1平方千米可以带来每年1百万吨的地下水量的抽取。而这些被抽取的水分还会因为大地的吸附作用主要通过大地内部巨大的水量进行补充。而柴达木盆地的面积约是30万平方千米，一旦全部绿化，将会带来3000亿立方米的地下水的抽取，如果打个5折，还是可以将1500亿立方米的水从地下抽取送上天空，并降到地面上来。这将是用其他调水方式都达不到的一个天文数字！

完全可以种植乔木的青海

南水北调西线工程初步计划投资3000亿。计划在引水之后能够带来生态的改善。但实际上根本不需要如此大动干戈。因为针对柴达木盆地30万平方千米的面积，我们只要绿化10万平方千米的周边面积就足够带来降雨了，之后汇入盆地内部的水量就会越来越大。而这3000亿的投资如果按照10万平方千米进行分摊的话，就是每平方千米300万，平均到每亩就是2000元，完全够用。绿化青海实际上相对南水北调工程来说，可谓成本更小，效益更大，造福后代更安全！南水北调的西线工程实际上完全可以用绿化的方法来替代。

我们只要到青海，就可以看到青海当地还有很多固有的乔木品种，

完全可以种乔木的青海

如青海的青杉、圆柏等。青海是原本适宜乔木生长的地方。在其巍峨的高山之上，有很多树木的影子。实际上，那是至少距今 500 年的圆柏，这种圆柏可以活上千年。那些圆柏并不是不向周围甩下它的树种，只不过是这些好不容易才成长起来的幼苗很快就被羊像草一样吃掉了。在当今青海的高山上，我们可以看到到处都是爬上高山的羊群，它们所过之处都是草木一空。那些圆柏没有了后代的持续繁衍，当它们自己树龄到了之后，整个山上就会光秃一片。如果没有这些羊群，山上的圆柏将会何等的繁茂？

青海的定位应该就是中国的安全水塔

目前全国各个地区的定位都是经济发展，青海到底应该如何定位？青海的面积为 72 万平方千米。人口仅有 577.79 万（2012 年的数字）。2013 年青海地区生产总值为 2101.05 亿元。无论在人口数量还是在经济总量上，只能同普通的一个东南沿海地区的相比。如山东的临沂市，人口数量1083万（2012年），接近青海省的2倍，2013年的生产总值是青海的1.5倍，达到3336.8亿元。青海的经济总量甚至同一些县级地区都无法相比，如2012年昆山地区生产总值就达2725.32亿元，大大超过整个青海省。

正是因为青海柴达木盆地的地理位置和独特地质结构，如果其恢复了之前的水量，那就是一个30万平方千米的大海，其直接就会供水给新疆、甘肃以及整个黄河流域，而这些区域正是中国最缺水的地方。但柴达木盆地一旦蓄上了水，建设在柴达木盆地中心的很多厂矿都要被淹没，当今的海西州首府德令哈市应该全部都在水下。经济方面对青海是会有损失，但青海省的经济总量有限，这样的损失我们完全是可以接受的，中央也补贴得起。这种经济方面的损失相较这个安全的大水塔带给整个中华民族的贡献可谓微不足道。

日渐缩小的青海湖

维护青海的绿色首先是保护，其次是植树

要想恢复青海的绿色，有保护和人工种植两种方式。所谓保护主要就是防止牲畜对天然植被的破坏。因为，人工植树需要有一个过程，我们马上可以做的就是保护。

2011 年，北京"走进崇高"绿化志愿者在内蒙古用围栏封育了一千亩的贫瘠沙地，进行退化沙地保护的试验。尽管期间有部分牧民搞坏围栏将牲畜放入封育区啃食的现象，但还是基本得到了一定的保护。封育短短两年时间，围栏内和围栏外绝对是两种景观。在围栏内，几千棵以当地地名命名的"蓝旗榆"开始成长了，而且这些小树经过人们的修枝之后显得格外地秀丽。经过封育，围栏内部的一些草也由于没有牲畜的破坏而长得齐腰高。围栏外面被散养的牲畜天天围着围栏转想要进来，那是因为围栏外面已经没有了草，而围栏内部却有如此

无节制的放牧加剧了荒漠化的进程

之多的食物。尤其在秋天，在夕阳的映照下，随风那片片绿色和黄色交织在一起的植被波浪真是使人流连忘返。而在封育区围栏外面，则还是那么光秃片片，当起风之时则黄沙漫天。真是多么鲜明的对比呀！

短短两年的保护，沙地的黄色马上恢复到草原的绿色景观。相信这几千棵蓝旗榆成长起来之后，这里又能恢复广袤的森林生态！

当今禁牧保护无法实施的原因

内蒙古的这一千亩试验地证明，实际上保护很简单，就是将一片退化的土地封育起来，能够防止牛羊和野生动物的过度啃食就完全可以做到。正因为如此，我们很多地区都制定了严格的禁牧政策，规定在任何时间或者一个时间段内不能对某些牲畜进行放养。

过度放牧是草原沙化的主要原因之一

在禁牧政策中，最为严格控制的恐怕就是羊了，因为羊能上山，能够吃掉草根，其对草场的破坏作用最强。但当我们到很多禁牧地区去看的时候，却发现很多地方仍然有大量放养的羊群。对此，我们感到很奇怪，因为国家已经针对禁牧给了牧民足够的补贴用于买草，为什么会仍然进行放养呢？

实际上并不是禁牧政策不到位，也不是补贴不够，基层也成立了禁牧执法队，但牧民拿到补贴之后仍然放牧。刚开始是白天不敢放，夜里偷着放，之后发展为白天也是明目张胆地放。执法队不敢执法的一个原因就是那些被执法管理的牧民经常聚集在一起，针对基层干部集体闹事或者层层上访。出于和谐社会的考虑，再加上村一级组织是一人一票的民主选举制度，基层管理者往往不敢拿出力量严格禁牧，进而发展到今天的禁牧政策如同虚设的现象。

另一个荒漠化地区无法进行保护的情况

除去基层无法进行有效禁牧之外，在一些荒漠化地区还面临着另一种无法保护的情况。我们知道，中国共产党将土地无偿分配给了农民和牧民，但并没有要求被分配土地的农牧民有保护环境或绿化的义务。

对于内蒙古这样的自治区来说，不像河北。河北这样的省份仅仅是将耕地分配到了农民手中，山地和盐碱荒地还是在集体的手中，政府想要在集体土地上做些绿化工作是完全可以的。而内蒙古却是将所有的土地甚至连沙地和沙漠都分到了牧民的手中，由于内蒙古地广人稀，一些家庭甚至可以分到几千亩的沙地。现在由于牛羊价值的增大，牧民在自家草场往往过度超载，由于当今没有什么措施对牧民进行约束，因此对这种现象还真是没有什么好的处理办法。

当今在内蒙古，因为土地的所有权全部是在牧民的手中，如果你要无偿种树都要通过类似征地的方式进行，甚至发生你去无偿种树都不会被允许的情况。有些领导也希望对使用土地的牧民进行绿化方面的要求，对于严重破坏的地方就收回土地。但想要做到这一点几乎是不可能的，因为土地都已经分下去了，想要调整都会产生非常大的问题。如果按此方式实施的话，恐怕会比禁牧带来更多的社会矛盾。

值得考虑的人口迁出

既然禁牧禁不住，又没有有效措施去保护那片脆弱的土地，我们可以采取的另外一种有效的变相禁牧的方式就是人口的迁移。关键是人迁出去之后，羊就迁出去了，也可以对此地进行绿化了。

针对青海、内蒙古这些地广人稀的地方实施人口迁移是个好办法。因为我们可以用较小的人力、财力和物力对移民进行安置，同时可以保护大面积的土地。据说青海已经迁出了高海拔的三江源地区的人口，这将对保护三江源地区的植被起到决定性的作用。

要实施人口迁移的政策就要早迁，在西北地区可以看到很多死城，那里本来是人丁兴旺的地方，但随着沙进人退，那些小的村镇和城市都不得不被放弃了。我们应该制定政策，针对一些植被破坏严重的地区提前迁出那里的人口。如果当沙地退化为沙漠之后，土地的恢复就更难。

人口迁移出去之后，没有了人工饲养的羊，但还存在着野生食草动物对大地的破坏。我们知道美国的阿拉斯加之所以在低温高纬度的生态环境下还是一片绿色，是因为阿拉斯加的狼将食草动物基本消灭了。但现在我们要保护的地区已经没有了狼，没有天敌的食草动物的过度繁衍也会彻底破坏草原和森林的恢复。

完全可以恢复的柴达木盆地

无疑，今天整体的情况是沙进人退。我们当今的沙化情况是严峻的。对此，很多人也慢慢在失去信心，甚至认为那片土地本就是沙漠，是人力所无可奈何的。

实际上，柴达木盆地同塔克拉玛干沙漠一样，原本都是大海，之后也是因为人为的破坏变为了今天的惨状。通过前几章的讨论，我们可以得出结论，如果我们对荒漠化土地进行保护和绿化，土地完全可以实现"沙漠——沙地——草原——森林"的逆转过程。这一点也完全可以被历史和考古所证实。还是拿塔克拉玛干沙漠来说，它就是经历了"绿洲——沙漠——绿洲——沙漠"的重叠性变化过程。应该说，

荒芜的柴达木盆地

现在这种沙漠、绿洲的拉锯战还在持续地进行着。"绿洲化"与"沙漠化"两种绝然相反的生态环境过程到底何去何从，就是要看人到底是在维护还是在破坏。也就是说，能否重新将塔克拉玛干等沙漠地区变为绿洲则要完全看我们如何行动。

人们可以通过停掉机井来提升地下水位，通过绿化带来更多的降雨，更可以使柴达木盆地重为大海。相信通过人们的双手可以使沙漠再为绿洲，做到人进沙退，这已经被人类的努力所证实。下面也与大家分享几段"人进沙退"的例子。

之前"沙进人退"的策勒县

有一个"人进沙退"的例子就是新疆策勒县。在塔克拉玛干，曾流传着"策勒三迁"的故事。由于沙漠的侵袭，策勒县的居民聚居中心被迫三次迁徙。从历史遗址上看，我们知道在这里人类聚居点的三次转移是由丹丹乌里克到达玛沟，又由达玛沟到老县址热瓦克，再到今天的策勒县城。20世纪三四十年代，老县城热瓦克是繁华之地，而后来竟然成为威胁新县城的新沙源。在策勒流沙治理开始前夕，在沙漠的进逼下，策勒县已丢失1/4的耕地，有60户农民被流沙赶出了家门，农民辛苦一年，只有区区90元收入，生活在赤贫线上。

对于策勒县的人们来说，沙漠的进一步发展仿佛是势不可挡的，人们要想生存，必须要治沙。治沙说起来也很简单，其治本的办法就是植树造林，恢复那些被破坏的植被，从而固定住流沙并带来降雨。但要想在这里种下植物好像也不容易，尤其对于一年降水只有35毫米的策勒县来说，开始之时人们不去治沙的原因是认为没有雨水，植物活不了。

人们双手带来策勒县的"人进沙退"

尽管只有很少的降雨，策勒县还是很好地解决了绿化用水问题。这个办法并非是取用地下水，而是取用地表水。

策勒县采取的治沙方式是首先在最外围低处挖深地下，用土地渗出的水建立拦沙渠，同时引进附近河流的水资源进入渠内。这些渠水既可以作为灌溉沙地用的水源，又可以阻断源源的流沙；其次是利用渠内的水灌溉封育恢复的天然植被，防止就地起沙；其三，是人工种植生长很快的固沙灌木林，阻截气流中的沙粒；最后是建立多道、窄带的乔木防护林，层层削减地表风力、阻拦沙尘。

勤劳的策勒人终于在1万公顷流沙中种植了片片植被，他们的努力使大片的耕地又回到重返家园的农民手中，实现了自土改以来的第二次"土地还家"，农民年均收入一下子提高了5倍之多。同时，策勒县的流沙全线后撤了3至4千米，解除了县城面临的威胁，并使大风时县城上空的沙尘减少了85%，长年迷蒙的天空开始洁净了。策勒县因此还受到了联合国环境规划署的表彰。策勒县的成功治沙告诉了我们尽管降雨量很小也是完全可以完成植被恢复的。

戈壁中建立的城市——石河子

谈到"人进沙退"，我们不得不谈石河子这个城市。

拥有62万人口（2010年）的石河子市是县级行政单位，其地点位于新疆维吾尔族自治区北部，东部紧邻昌吉回族自治州玛纳斯县，面积457平方千米。起初，此地人家不过20户，此地的南方是天山延绵不断的雪峰，近处是碎石满布的荒滩，北面则是"平沙莽莽黄人天"

石河子连队农田

的沙漠腹地。真是辽漫无际、荒无人烟的戈壁穷滩。

1950年2月，王震将军率解放军挺进石河子，就在这片不毛之地拉动了"军垦第一犁"，开创石河子新城。就是当年的军垦战士，他们引水修路，用血汗终将沙砾变成了良田，当沙漠以每年2～5米的速度蚕食人类的家园时，军垦战士脚下的绿洲却向沙漠推进。经过几十年的努力，昔日的不毛之地变成了"戈壁明珠"，石河子成了人们眼中的人间奇迹。"我到过很多地方，数这个城市最年轻，她是这样漂亮，令人一见倾心，不是瀚海蜃楼，不是蓬莱仙境，她的一草一木，都是血汗凝成。"这是著名诗人艾青对石河子的描述。联合国教科文组织的官员参观石河子新城后，称赞它是世界上治理沙漠、营造绿洲、恢复生态环境的奇迹。就在2000年，石河子还被联合国人居中心授予"人居环境改善良好范例奖"。

沙漠中的人工绿洲——塔中

在号称"死亡之海"的塔克拉玛干沙漠里，有一条全长 550 千米的公路贯穿其间，不可思议的是这条公路上有 470 千米是建造在流动的沙漠之上。距离这条沙漠公路中部 10 千米处有一个小城叫做塔中。由于在这里发现了油气资源，自然在这里就有了勘探和生产的人群。

之前我们谈到，石油勘探队在沙漠中的取水方式是挖出一个大坑，在第二天坑中自然会积满水分，人们将这些水净化之后马上可以饮用。正是由于大自然的神奇赋予，塔中的石油工人们用这些水浇注直升机的停机坪，并进行绿化，种植了当地的片片绿色。据油田工作人员介绍，此地以前是荒无人烟的沙滩戈壁，植被稀疏，生态环境非常脆弱。

沙漠公路

起初油田工作人员也没有料到可以在这里种植树木，但如今这里不仅被种植上了树木，甚至还种上了蔬菜。如今油田已被绿色环绕，石油工人不仅吃上了自己耕地里生产的蔬菜，自己池塘里养的鱼，而且还为自己营造出了良好的生活环境。

在今天的塔中油田，有星级宾馆，有有线宽带，有新鲜蔬菜，生活区内花团锦簇，绿意盎然。如果不是登台高望，怎知是身在沙漠?!

恢复壮美就是停机井、种树、禁羊

像塔中这样以前完全是流动沙漠的地方都可以变为绿洲，其他比起塔中生态条件要好得多的地方，当然更有恢复的可能。实际上恢复祖国山河的壮美也不是难事，将塔中的经验向外传播、辐射就可以。只是在其他地方比塔中会有一个区别，那就是其他地方可能在利用机井大量抽取地下水，恢复这样的地方的绿色之前当然首先需要停掉当地的机井，如此地下水位就可以上升，湖泊就可以恢复，河流就可以有水，地表就会更加富余植物需要的水分。

恢复绿色中华更为直接的做法就是种植乔木。在塔中这样的地方，由于周围都是流动的沙漠，少有自然随风而至的乔木种子，通过自然的恢复来促成乔木的生长需要很长时间，而通过人工种植则会很快成林，乔木成林之后的林下会有更加茂密的灌木和草的生长，只要在移栽之后的前三年对乔木进行悉心的呵护，乔木成林马上就会成为现实。

当然，塔中还有一个特点就是，塔中的石油工人不是牧民，当地没有大量的羊群。没有了羊群就没有了对树皮、树叶的啃食，草木便能茁壮成长。由此说来禁止牲畜的放养是恢复我国大地之壮美的一个必要条件!

只要每人一年种活一棵树

荒漠化是威胁中华民族生存与发展的大敌。中国要发展,首要的任务之一就是要擒住荒漠化这个给人们生活带来灾难的恶魔。在荒漠化形势越发严峻的今天,中国有必要动员全民为荒漠地区添绿增彩。

中国现在有近300万平方千米的荒漠化土地,这300万平方千米折合成亩数是45亿亩,看起来这是一个非常巨大的数字。但同时我们也不要忘记,我们国家也有接近15亿的人口,这45亿亩对中国人口来说,也就是人均3亩的绿化面积。

按照合理的植树间距4～5米,每亩地可以种植20棵乔木计算,我们每个人种上60棵树,整个这300万平方千米的中国荒漠化土地就会消失。60棵树实际上并不难,当今我们的人均寿命要超过60岁,也就是说,每个人在其有生之年中每年种活一棵树就可以达到这个标准。

只要我们停掉机井,改用开口井,只要我们很好地实现禁牧,只要我们做好苗木的准备,只要我们将全国人民动员起来,每人每年在荒漠化地区种活一棵树,哺育我们人民的中华大地将会恢复她的灿烂和壮美!

后记 张北安固里淖尔的恢复

之前万般斑斓的张北安固里淖尔

在河北省的张北县，内蒙古高原之上，曾有着华北第一大高原内陆湖"安固里淖"。"安固里淖"的蒙语意为有鸿雁和水的地方。安固里淖史称鸳鸯湖，其水域10万亩（60多平方公里），周围草原面积23万亩，多少候鸟迁徙此处。这里水草丰美，鹅雁栖息，从辽、金到元代，一直是皇家游猎、避暑胜地。清代，这里成为张库大道一个重要的商贸中心。当地老乡说，当年有水时，从南岸到北岸汽艇要开很久，这里还能打到半米大的鱼。

干涸的安固里淖尔

美丽的失去

遗憾的是，千百年悠久的历史名湖，却在近期完全干涸了。从上世纪末，素有"坝上明珠"之称的安固里淖尔水位开始下降，短短几十年，这个海河流域中最大的，拥有千年历史的高原内陆湖就干涸了。尤其2004年的彻底干涸，其龟裂的湖底和"盐碱尘暴"让每一个见到的人记忆犹新……

除去安固里淖尔之外，北京800公里半径内的几大咸水湖正在陆续干涸。其中乌拉盖高壁面积230平方公里，2004年干涸；查干诺尔80平方公里，2002年干涸；黄旗海110平方公里，2010年干涸。一些小的咸水湖，如阿尔肖特、乌兰淖尔、九连城淖尔早已干涸。现存的面积230平方公里的达里淖尔湖也出现了危机，水位下降得很厉害。

一般人们认为失去安固里淖尔的原因

关于安固里淖干涸的原因，很多专家认为气候干旱成为水体干涸的祸首。河北省水利厅总工程师张发生带领专家组对安固里淖进行实地考察后认为："安固里淖干涸的主要原因是张家口地区近三四年连续降雨量偏低造成的。"

应该说，从张北县的降雨量来说，的确是从50年代至90年代逐渐减少。从之前平均900毫米的降雨量变为了当今300毫米。但除去降雨量减少之外，我们发现很多原本存在的山泉也断流了，是否还会有其他原因导致了地下水位的下降？

煤矿防水所带来的启示

如果谈到人为降低地下水水位的方式，采矿专家会告诉我们在一些地区上开采煤矿，首先要排干位于煤层中的地下水。否则的话，煤矿就无法开采。而排干矿区水分的最好办法并不是从矿井中抽水，因为如此办法仍然会有地下水的涌出。而有效的排水办法则是在煤层的下面钻孔抽水，这样就不会有地下水涌出的现象，从而保证了工作面的干燥。也就是说，在地下抽水会降低地下水的水位。

与煤矿防水同样的对地下水的抽取

在煤层的下面抽水会带来煤层水位的下降，同样推理，我们如果在安固里淖尔原本的水位下面取水，安固里淖尔的水位自然也会同样下降。

我们知道，现在在张北县安固里淖尔的周围，人们为了取水方便，已经钻了成百上千眼机井。说是机井，实际上就是 30 公分直径的深孔。人们在这些深孔中取水，取水的深度大大低于安固里淖尔的水位。这样的抽水方式自然会破坏土地原本的吸附水的能力，并像煤矿一样产生地下水位的下降，从而产生安固里淖尔的干涸。

停止机井后马上可以恢复的矿区地下水位

我们知道，当一个煤炭矿井已经失去采伐价值的时候，煤矿将被废弃，废弃的煤矿将不可能再花大量经费每天抽水不止，于是，矿井内部马上就会重新成为水的世界。而那些巨大的露天矿场也将很快形成巨大、静止的湖面。这样的湖面并非来自于降雨，而是来自于土地强有力吸附水的功能，这种吸附力是一种分子力，其力量是重力水的上万倍，正是因为这种分子力，产生了"山多高，水多高"的自然现象。

我们要感恩大自然给我们供水的两种方式，其一是通过雨水的润泽，其二是通过大地母亲的吸附能力。

安固里淖尔干涸的真正原因在于机井的使用

安固里淖尔之所以干涸，有雨水变少的原因，更是因为大地母亲向上吸附水的能力被切断了，这个切断来自于人们在地下的抽水，来自于机井的使用。

之前人们是在用水渠灌溉。人们在水源地修建水塔，将水引到水塔之上，从水塔上由于稳定势能带来的压力可以将水输送到很远的地方。但机井的钻孔取水被应用后，人们发现机井可以带来就地取水的方便。尤其重新包产到户之后，没有农民愿意到远处的水塘取水了。我们可以比较一下安固里淖尔的干涸历史同机井使用的历史是多么地同步。

越来越深的机井

取机井水在开始地下水位高的时候是简单的，张北的农民介绍，以前水位只有一米、两米，打井只要打十米的就可以取到大量的地下水；而现在，40米深井，也只能抽水最多5到6分钟就没有水了，要想取到足够的水量必须将机井打到75米。机井的孔径太小，没有多少存水，这就必须要求取水点具有一定的水压。正因为此，所有的机井的取水点都在低于地下水位的更深处。

现在张北还算不错，机井深度在75米，但相信随着时间的推移，张北也会像怀来县某乡一样，要打到300米深才能够取到足够的水量。而在衡水市某地，机井取水点据说已经达到500米的深度。在如此深度取水，相信地面上再有湖泊也会像矿井一样全部干涸。

应用地表水灌溉的尝试

为了避免机井的负面作用，在内蒙古正蓝旗，走进崇高先遣团的第一植树基地，人们开始了运用地表水进行浇灌的尝试。人们在地表挖了一个 30 米长，4 米宽的小水塘，用几台水泵一起抽取水塘中的地表水来灌溉 50 万棵松树苗。尽管灌溉当日小水塘中的水位会下降 30 至 40 公分，但第二天水位就神奇地恢复了。应用地表水，大地母亲还会源源不断地在不破坏地下水水位的情况下将地下的水分吸附上来。这个道理就像之前农村都是用井水一样，尽管全村都在用这口井，取水量也很大，但井不会干涸，那是因为井水是地表水，用多少水，又会补充上来多少水。

恢复安固里淖尔的思路：用地表水替代地下取水

在张北，我们测量了一眼机井，其取水点是在地下 75 米，而其真正的静态水位仅为 6 米。根据我们之前的经验，如果说现在的静态水位是 6 米的话，我们只要在 6 米的地表处取水，第二天土地还会通过吸附能力，恢复 6 米的水位。这一点已经被多地的实践所证实。

通过地表取水来代替机井的地下取水，如果需要较大水量的话，会产生取水处补水较慢的问题，对此我们可以通过将这个 6 米水位的水塘深度加大，面积加大的办法来加以解决。

我们在张北馒头营乡的实践

为了对以上思路进行验证，我们在张北县馒头营乡打了一眼 10 平方米面积的开口井，果不其然，挖到 6 米的深度，就开始出水了。我们边用水泵抽水边进一步挖深作业，最后我们挖到了 10 米的深度。第二天我们惊喜地看到，我们昨天尽管抽干了水井中的水，但第二天，水位又神器地恢复到了 6 米，也就是说，水井中补充了 40 吨的水。

根据我们的测算，如果要达到每天 200 吨的供水量，我们只要将一眼开口井的面积挖到 20 平方米，水深 6 米即可。如此这样开口井内部储水就会有 120 吨，随抽随补，一天完全可以保证 200 吨的供水量。

完全可以恢复的安固里淖尔

尽管应用开口井，取地表水灌溉会带来一些不便，如要将水从水塘送向远方需要用水车，或者需建水塔、建水渠。有时因为一些不便还会带来一些农民的意见，同时也要防止较深水面带来的安全隐患……但这都是我们可以克服的困难。

张北县现在是 6 米的水位，这是在有几百台机井地下抽水的情况下达到的。相信如果我们从 6 米至 10 米处取水，停掉 70 米至 100 米取水机井的话，地下水位应该会从 6 米继续上升，上升到张北之前的 1 米到 2 米，此时较低洼的地方就会有泉水涌出。届时土地的吸附功能又会让安固里淖尔完全恢复她的青春。